综合实践课程教学系列丛书

U0192941

AI 未来之城设计（上册）

邱克稳　卢飚　张霞　著

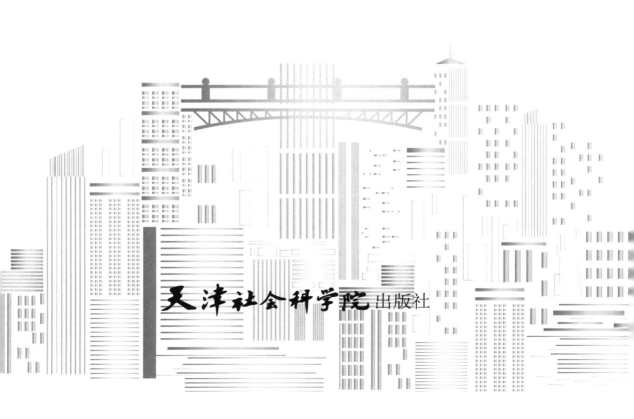

天津社会科学院出版社

图书在版编目（CIP）数据

AI 未来之城设计：上、下 / 邱克稳，卢飚，张霞著
. -- 天津：天津社会科学院出版社，2022.9
（综合实践课程教学系列丛书 / 邱克稳主编）
ISBN 978-7-5563-0782-1

Ⅰ．①A… Ⅱ．①邱… ②卢… ③张… Ⅲ．①人工智
能－应用－现代化城市－城市规划－研究 Ⅳ．①TU984

中国版本图书馆 CIP 数据核字(2021)第 209699 号

AI 未来之城设计 ： 上、下
AI WEILAI ZHI CHENG SHEJI ： SHANG、XIA

出版发行：天津社会科学院出版社
地　　址：天津市南开区迎水道 7 号
邮　　编：300191
电话/传真：（022）23360165（总编室）
　　　　　（022）23075303（发行科）
网　　址：www.tass-tj.org.cn
印　　刷：北京盛通印刷股份有限公司

开　　本：787×1092 毫米　1/16
印　　张：19.75
字　　数：332 千字
版　　次：2022 年 9 月第 1 版　　2022 年 9 月第 1 次印刷
全套定价：98.00 元

编委会

STEAM 理念下的航天科技

STEAM 教育起源于美国，它是由 Science（科学）、Technology（技术）、Engineering（工程）、Arts（艺术）、Maths（数学）组成的多元化、多样性的教学倡议。STEAM 教育讲究培养学生的"4C"能力，分别是 Creativity（创造力）、Critical thinking（批判性思维）、Communication（沟通能力）、Collaboration（合作能力）。

STEAM 既是一种教育理念，有别于传统的单学科、重书本知识的教育方式，又是一种重实践的超学科教育概念。任何事情的成功都不仅仅依靠某一种能力实现，而是需要多种能力配合。STEAM 注重学习过程，讲究综合能力。

中国航天事业是中华民族精神和科技创新的综合体现，学习航天 STEAM 课程能够培养学生的学习、创新、创业和实践能力，符合立德树人要求。

引导学生认知宇宙、引入航天知识学习，并深入开展航天科技素质教育，可以帮助学生从宇宙大体系认知地球生命、认知自我，树立正确的自我人生观念；认识我国的航天科技成就和勇于探索、敢于挑战的航天精神，并将其转化为自觉学习的内在动力；以学生动手实践的知识为主体的航天科技知识，培养学生对数学、物理、化学等基础知识学科的浓厚兴趣。

同时，航天科技教育也是中学生国防教育的重要方面，能够引导学生树立远大志向，自觉肩负起建设航天乃至科技强国的使命。习近平总书记说："探索浩瀚宇宙、发展航天事业、建设航天强国，是我们不懈追求的航天梦。"

开展航天科技教育，是践行中国梦的重要载体和成果体现。

课程导学

党的十八大以来，习近平总书记高度重视城市规划，强调指出，"城市规划在城市发展中起着重要引领作用""要坚持用最先进的理念和国际一流水准规划设计建设，经得起历史检验"。本门课程设计的初衷就是希望从中学时期就在学生心中种下为国家建设努力的种子，希望在未来学生们能够真正为国家建设做出贡献。

本门课以项目式课程学习过程为主，培养学生工程思维、设计思维、自主解决问题的能力及有逻辑、有思维能动性地将自己的想法落实并具体实施的实际能力。

课程在引导学生学习城市建设专业性知识的基础之上，以未来城市设计为目标，制定合理的项目实施计划，将各部分的内容设计有计划、有条理地细化，以达到可以搭建实际模型的程度。最后可以利用课程中提供的耗材以及自己身边的废旧物品进行未来城市的设计和建设。

此外，本门课程还涉及《高中地理必修1》中大气受热过程和大气运动、地貌、地质灾害以及《高中地理必修2》中乡村和城镇空间结构、地域文化与城乡景观等相关知识。读者在阅读本书的过程中，可以温故知新。

目　录

第一章
未来之城初步规划

  未来之城建设必须规划先行、理念先行，以超前的城市设计来指导项目建设，设计并制作出最美的未来之城模型。城市是用来创造幸福的，未来之城的建设理念应该始终按照以人为中心来进行规划设计。

第一节 设计理念和目标

问题引入

如果在未来让你设计一座城市，你最想设计什么样的城市？你的设计理念和目标会是什么？

小组活动

本课程我们将采用分组的方式一起学习、讨论和实践，因此，我们首先要建立"未来之城设计工程组"，需要确定团队名称、团队口号和团队标识。

组队要求：

每组 4 ～ 6 人，自愿组织。

以团队为单位进行组长的角逐。

确定组长以后，组长组织大家确定本小组的名称、口号及标识。

组队建议：

团队成员擅长的领域尽量有所区分。

当出现一名同学为多个小组需要时，相关小组可进行展示，赢取该名同学的信任，使其加入自己小组。

团队可以项目组、工程组或商业公司的形式进行分工。

活动主题：

确定未来之城设计的理念和目标。

活动建议：

设计建议：理念可以选择以环境为主题，以未来科技为主题，以舒适生活为主题，以新能源应用为主题，等等，也可以学生自己确定未来城市设计主题；目标至少满足一个人在城市中以一年时间为周期的正常生活（其中需要享受的服务默认都已具备）。

展现形式：城市描述论文，项目计划书，城市物理模型，展示演讲及虚拟城市设计。

活动内容：

在组长的带领下，组内成员针对未来之城设计的理念和目标进行讨论。

当需要相关资料做支撑时，成员可在课下有精力的情况下查阅相关资料。

小组讨论并进一步得出在选定的理念和目标下的初步想法和设计方案。

活动成果：

确定未来之城设计的理念和目标，对于设计过程进行初步想法进行讨论整理。

 讨 论 与 分 享

在讨论过程中，组内提到的未来之城设计的理念和目标都有哪些？

为什么经过讨论后确定了未来之城现在的设计理念和目标？这些理念和目标有着怎样的魅力？

第二节 选择建设地点及用地规划

 问题引入

说一说，符合你们组设计理念和目标的建设地点需要满足哪些条件？

想一想，在现实情况下，城市用地如何规划，才能让人在城市中生活得更加舒适？

 小组活动

活动主题：

未来之城建设地点选择及用地规划。

活动建议：

阅读材料或查找资料，了解城市用地的分类以及不同建筑内容所对应的用地情况，根据第一节确定的理念及目标选择相应的建设地点。

在选择建设地点之前，小组头脑风暴，总结出在选择建设地点时需要考虑哪些情况。

小组讨论过程中，小组成员可以各抒己见，谈谈为什么要选择这样的建设地点。

将选择的建设地点进行分析，总结出所选择的建筑用地的特点并罗列出来，为后续的活动做准备。

以小组为单位，对选择的用地进行布局和规划，并得出如此规划的原因。

活动成果：

确定建设地点，并对用地进行初步规划。

 文献链接

一、城市用地分类与评价

（一）城市用地分类

1. 城市用地分类

在城市的发展历史中，城市用地的用途分类曾有不同分类方法与名称。我国早年的用地功能地域划分为住宅区、工业区、商业区及文教区等类别。1990 年，原中华人民共和国建设部统一了城市用地分类的划分方法和名称，颁布了国家标

准《城市用地分类与规划建设用地标准》（GBJ137-90），该标准将城市用地分为
10 大类、46 中类和 73 小类，以满足不同层次规划的要求。2008 年，《中华人民
共和国城乡规划法》的颁布实施需要城乡统筹的新技术标准支撑，因此，为体现
城乡统筹、区域一体化、土地集约利用的原则，新的《城市用地分类与规划建设
用地标准》（GB 50137-2011）于 2012 年 1 月 1 日起颁布实施。该标准体现了从
城市为主向城乡并重的转变，采用分层次控制的综合用地分类体系，包括"城乡
用地"和"城市建设用地"两个层级，分类层级与代码延续"树型多层级"模式。

（1）城乡建设用地分类

市域内城乡用地共分为 2 大类、8 中类、17 小类，表 1-1 所列为城乡用地中
类项目。

表 1-1 城乡用地分类

类别名称		范围
大类	中类	
H	建设用地		包括城乡居民点建设用地、区域交通设施用地、区域公用设施用地、特殊用地、采矿用地等
	H1	城乡居民点建设用地	城市、镇、乡、村庄以及独立的建设用地
	H2	区域交通设施用地	铁路、公路、港口、机场和管道运输等区域交通运输及其附属设施用地，不包括中心城区的铁路客货运站、公路长途客货运站以及港口客运码头
	H3	区域公用设施用地	为区域服务的公用设施用地，包括区域性能源设施、水工设施、通讯设施、殡葬设施、环卫设施、排水设施等用地
	H4	特殊用地	特殊性质的用地
	H5	采矿用地	采矿、采石、采沙、盐田、砖瓦窑等地面生产用地及尾矿堆放地
E	非建设用地		水域、农林等非建设用地
	E1	水域	河流、湖泊、水库、坑塘、沟渠、滩涂、冰川及永久积雪，不包括公园绿地及单位内的水域
	E2	农林用地	耕地、园地、林地、牧草地、设施农用地、田坎、农村道路等用地
	E3	其他非建设用地	

（2）城市建设用地分类

城市建设用地共分为 8 大类、35 中类、44 小类，表 1-2 所列为城市用地的大
类项目。

表 1-2 城市用地分类和代号

类别代码	类别名称	范围
R	居住用地	住宅和相应服务设施的用地
A	公共管理与公共服务用地	行政、文化、教育、体育、卫生等机构和设施的用地，不包括居住用地中的服务设施用地
B	商业服务业设施用地	各类商业、商务、娱乐康体等设施用地，不包括居住用地中的服务设施用地以及公共管理与公共服务用地内的事业单位用地
M	工业用地	工矿企业的生产车间；库房及其附属设施等用地，包括专用的铁路、码头和道路等用地，不包括露天矿用地
W	物流仓储用地	物资储备、中转、配送、批发、交易等的用地，包括大型批发市场以及货运公司车队的站场（不包括加工）等用地
S	交通设施用地	城市道路、交通设施等用地
U	公用设施用地	供应、环境、安全等设施用地
G	绿地	公园绿地、防护绿地等开放空间用地，不包括住区、单位内部配建的绿地

在详细规划阶段，用地进一步细分，在用地名称上，除相同功能性质的仍然沿用外，还需增加新的用途类别，例如上述总体规划用地分类中的居住用地。在详细规划阶段，居住小区又可细分为住宅用地、道路用地、绿地、公共服务设施用地等，一般使用上述用地分类规范中的小类。

2. 城市用地构成

城市用地的构成，是基于城市用地的自然与经济区位以及由城市职能所形成的城市功能组合与布局结构。城市用地的构成呈现不同的构成形态。

按照行政隶属的等次，城市用地的构成宏观上可分为市区、地区、郊区等。按照功能用途的组合，可分为工业区、居住区、市中心区、开发区等。不同规模的城市，因各种功能内容的不同，其构成形态也不一样。大城市和特大城市，由于城市功能多样而较为复杂，在行政区划上，常有多重层次的隶属关系，如市辖县建制镇、一般镇等；在地理上有中心城区、近郊区、远郊区等。

（二）城市用地评价

1. 城市用地自然条件评价

城市用地的自然条件评价主要包括工程地质、水文、气候和地形等几个方面。

（1）工程地质条件

① 土质与地基承载力

在城市用地范围内，由于地层的地质构造和土质的自然堆积情况存在着差异，其构成物质也就各不相同，加之受地下水的影响，地基承载力大小相差悬殊。全面了解城市用地范围内各种地基的承载能力，对城市建设用地选择和各类工程建设项目的合理布置以及工程建设的经济性十分重要。此外，有些地基土质常在一定条件下改变其物理性质，从而对地基承载力带来影响。

② 地形条件

不同城市的地形条件，对城市规划布局道路走向和线型、各项基础设施建设、建筑群体的布置、城市的形态与形象等均会产生一定的影响。结合自然地形条件，合理规划城市各项用地和布置各项工程设施，无论是从节约土地和减少平整土石方工程投资，或者从城市管理等方面看，都具有重要意义。

③ 冲沟

冲沟是由间断流水在地层表面冲刷形成的沟槽。冲沟切割用地，使之支离破碎，对土地的使用十分不利。尤其在冲沟的发育地区，水土流失严重，而且道路的走向往往受其限制而增加线路长度、增设跨沟工程，给工程建设带来困难。规划前应弄清楚冲沟的分布、坡度、活动状况，以及冲沟的发育条件，以便及时采取相应的治理措施。

④ 滑坡与崩塌

滑坡与崩塌是一种物理工程地质现象。滑坡是由于斜坡上大量滑坡体在风化、地下水以及重力作用下，沿一定的滑动面向下滑动而造成的，常发生在山区或丘陵地区。

⑤ 岩溶

地下可溶性岩石（如石灰岩、盐岩等）在含有二氧化碳、硫酸盐、氯等化学成分的地下水的溶解与侵蚀之下，内部形成空洞，这种现象称为岩溶，也叫喀斯特现象。

⑥ 地震

地震是一种自然地质现象，大多数地震是由地壳断裂构造运动引起的。所以，了解和分析当地的地质构造非常重要。在有活动断裂带的地区，最易发生地震，断裂带的弯曲突出处和断裂带交叉的地方往往是震中所在。在强震区一般不宜建设城市。在震区建设城市时，除制定各项建设工程的设防标准外，还需考虑震后疏散救灾等问题。地震断裂带上一般可设置绿化带，不得进行建设，同时也不能布置城市的主要交通干路。此外，在城市的上游不宜修建水库，以免地震时水库堤坝受损，洪水下泄，危及城市（图 1-1）。

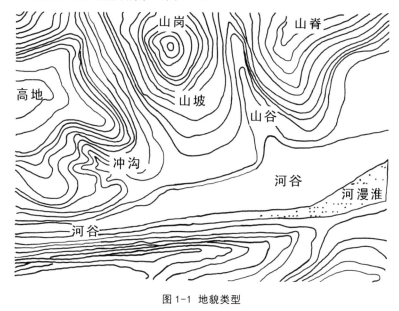

图 1-1 地貌类型

（2）水文地质条件

水文地质条件一般指地下水的存在形式，含水层的厚度、矿化度、硬度、水温及水的流动状态等条件。地下水常常作为城市用水的水源，特别是远离江河湖泊或地面水水量不足、水质不符合卫生要求的城市，调查并探明地下水资源尤为重要。地下水按其成因与埋藏条件可分为三类，即上层滞水、潜水和承压水。其中能作为城市水源的主要是潜水和承压水。潜水基本上是地表渗水而成，主要靠大气降水补给。承压水是指两个隔水层之间的重力水，由于有隔水顶板，受大气降水和地面污染较小，成为远离江河城市的主要水源。

地下水的水质、水温由于地质情况和矿化度不一，对城市用水和建筑工程的适用性应予以注意。以地下水作为水源，若盲目过量抽用，将会出现地下水位下降。这经常出现在在一些大工业城市。如无锡因大量抽取地下水，在 20 世纪 80 年代末以后的十年间，地面已下沉 1 米。

（3）气候条件

与城市规划与建设关系密切的气候条件主要有太阳辐射、风象、气温、降水与温度等。

① 太阳辐射

太阳辐射的强度与日照率在不同纬度的地区存在着差异。分析研究城市所在地区太阳运行规律和辐射强度，能够为建筑的日照标准、建筑朝向、建筑间距的确定，以及建筑的遮阳设施与各项工程的采暖设施的设置提供规划设计的依据。

② 风象

风对城市规划与建设有多方面的影响，主要体现在环境保护方面。风是地面大气的水平移动，由风向和风速两个量表示。风向就是风吹来的方向，表示风向最基本的一个特征指标叫风向频率。风向频率一般可以从 8 个或 16 个罗盘方向观测，累计某个时期内各个方位风向的次数，并以各个风向的总次数的百分比来表示。即：

$$风向频率 = \frac{某一时期内观测、累计某一风向发生的次数}{同一时期内观测、累计风向的总次数} \times 100\%$$

风速指单位时间内风所移动的距离，表示风速最基本的指标是平均风速。平均风速是按每个风向的风速累计平均值来表示的。根据城市多年风向观测记录汇总所绘制的风向频率图和平均风速图又称风玫瑰图。风玫瑰图是研究城市布局的重要依据（图1-2）。

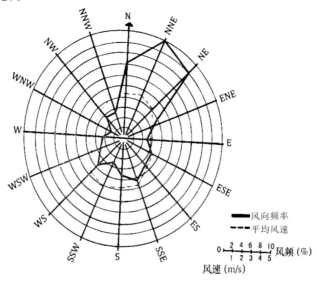

图 1-2 某城市地区累年风向频率、平均风速图

③ 气温

气温对于城市规划与建设的影响体现在：如城市所在地区的日温差或年温差较大时，会给建筑工程的设施与施工带来影响；在工业配置时，需根据气温条件，考虑工业生产工艺的适应性与经济性问题；在生活居住方面，则应根据气温状况考虑生活居住区的降温或采暖设备的设置等问题。在日温差较大的地区（尤其是冬天），常常因为夜间城市地面散热冷却较快，大气层下冷上热，使城市上空出现逆温层现象，在静风或谷地地区，山坡气流下沉会更加剧这一现象（图1-3）。

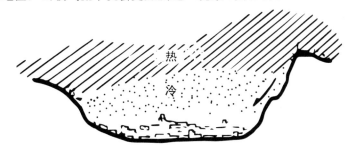

图 1-3 谷地逆温层结

在大中城市，由于建筑密集，绿地、水面偏少，生产与生活活动过程散发大量的热量，往往会出现市区气温比郊外高的现象，即所谓"热岛效应"。针对这一现象，在规划布局时，可增设大面积水体和绿地，加强对气温的调节作用。

④ 降水与温度

降水量的大小和降水强度对城市较为突出的影响是排水设施。此外，山洪的形成、江河汛期的威胁等也会给城市用地的选择及城市防洪工程带来直接的影响。

一般城市因大量人工建筑物与构筑物覆盖，相对湿度比城市郊区低。湿度的大小还对城市某些工业生产工艺有所影响，同时也与居住环境是否舒适有关。

2. 城市用地适用性评定

城市用地的自然环境条件适用性评定是按照生态系统需求、城市规划与建设的需要，对土地的自然环境进行土地使用的功能和工程的适宜程度，以及城市建设的经济性与可行性的评估。其作用是为城市用地选择和用地布局提供科学依据。

城市用地工程适宜性评定要因地制宜，特别是抓住对用地影响最突出的主导环境要素进行重点分析与评价。例如，平原河网地区的城市必须重点分析水文和地基承载力的情况；山区和丘陵地区的城市，地形、地貌条件往往成为评价的主要因素。

我国一般将建筑用地的适宜性评价分为如下三类：

一类用地：指用地的工程地质等自然环境条件比较优越，能适应各项城市设施的建设需要，一般不需或只需稍加工程措施即可用于建设的用地。

二类用地：需要采取一定的措施，改善条件后才能修建的用地。它对城市设施或工程项目的分布有一定的限制。

三类用地：指不适于修建的用地或现代工程技术难以修建的用地，所谓不适于修建的用地是指用地条件差，必须采取特殊工程技术措施后才能用作建设的用地，这取决于科学技术和经济的发展水平。

用地类别的划分是需要按各地区的具体条件相对来拟定的，如甲城市的一类用地在乙城市可能是二类用地。同时，类别的多少也要视环境条件的复杂程度和规划的要求来确定，如有的分四类，有的只需两类即可。所以用地分类具有地方性和实用性，不同地区不能做质量类比。

我们以平原地区的划分为例说明用地类别的划分，供作参考，见表 1-3。

表 1-3 平原地区用地分类

用地类别		地基承载力（公斤/平方厘米）	地下水位埋深（米）	坡度（%）	洪水淹没程度	地貌现象
类	级					
一	1	＞11.5	＜2.0	＜10	在百年洪水位以上	无冲沟
	2	＞1.5	1.5～2.0	10～15	在百年洪水位以上	有停止活动的冲沟
二	1	1.0～1.5	1.0～1.5	＜10	在百年洪水位以上	无冲沟
	2	1.0～1.5	＜1.0	15～20	有些年份受洪水淹没	有活动性不大的冲沟
三	1	＜1.0	＜1.0	＞20	有些年份受洪水淹没	有活动性不大的冲沟
	2	＜1.0	＜1.0	＞25	洪水季节淹没	有活动性冲沟

图 1-4 为南方某城市所作的城市用地评定中的地形地貌分区、地质灾害分区和工程地质分区。图中分别标出了高程 50 米以上的剥蚀丘陵和土层液化塌陷区与工程地质不适建区的部位。为综合上述评价信息，最终做出的自然条件适用性评价图，其中

按适用性程度划分为三类用地。

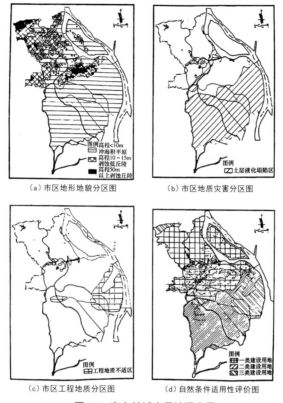

图 1-4 南方某城市用地评定图

3. 城市用地选择

城市用地选择就是合理选择城市的具体位置和用地的范围。对新建城市而言，城市用地选择就是城市选址，对老城市而言，城市用地选择就是确定城市用地的发展方向。城市用地选择需有用地适宜性评定的成果作为依据，同时还需综合考虑社会、经济、文化、环境等方面问题，以确定规划期内城市的明确边界。由于在用地适宜性评价中已经对危及环境安全和城市安全的要素进行了识别，并将之划定为禁建区，因此，在城市用地选择阶段,我们相对关注各种社会、经济和制度要素。通常涉及的方面诸如：

（1）建设现状和使用

建设现状和使用指用地内已有的建筑物、构筑物状态，如现有村、镇、或其他地上、地下工程设施。新城址的选择和城市的扩张需要占用原有的村镇聚居点和乡镇工矿或军事设施等用地。城市需要对它们的迁移、拆除的可能性、动迁的数量、保留的必要与价值、可利用的潜力及经济代价做出评估。

（2）重大基础设施

重大基础设施指限制或促进城市发展的区域重大基础设施，如高速公路、铁路和重大水利、能源设施。在进行城市用地选择时，除对现状进行调研外，还需对目前尚未开始建设，但在国家或省市层面已经安排的重要基础设施进行研究，以确定其对城市将产生何种影响，并制定相应策略。

（3）区域关系

区域关系指一个城市与周边其他城市或地区的关联程度。当今的城市更依靠区域整体的实力进行竞争，各个城市或依靠强大的经济实力辐射其他城市，或接受更高层次城市的辐射，这种辐射在空间上体现为相互吸引。例如上海所在的长三角城市群，各个毗邻上海的城市几乎都选择向上海方向发展，以缩短自己到上海的交通时距。

（4）市政设施配套

市政设施配套指选择用地周边区域的水、电、气等供应网络以及道路桥梁等情况，即市政设施环境条件。基础设施是城市的主要支出领域，基础设施的容量与水平关系到相应建设的规模（如城市跨河发展时，桥梁的通行能力）、建设经济以及建设周期等问题。

（5）土地利用总体规划

土地利用总体规划指国土管理部门制定的土地利用总体规划，目前我国国土资源部编制的《土地利用总体规划》也对城市用地的边界做出了规定。在当前规划部门编制城市规划特别是总体规划时，应当对该用地在国土部门编制《土地利用总体规划》中各个空间的用途规定及调整的可能性有所了解，并做好必要的沟通协调工作。

（6）社会遗存

社会遗存指用地范围内地下已挖掘、待探明的文化遗址、文物古迹以及有关部门的保护规划与规定等状况，原则上重要的文化遗存都应列入禁建区范围，然而文化遗存星罗棋布，我们很难将所有文化遗存都列入禁建区保护。另外，对于一些重要遗存非常丰富的城市，城市空间的选择也必须在遗址保护区的"夹缝"中寻找。

（7）社会问题

社会问题指用地的产权归属、涉及原住民或企业的社会、民族、经济等方面问题。2007 年，《中华人民共和国物权法》以法律的形式明确了所有权人对自己的不动产或动产，依法享有占有、使用、收益和处分的权利。因此，因城市建设需要征收集体所有的土地，应依法足额支付土地补偿费、安置补助费、地上附着物和青苗的补偿费费用，安排被征地农民的社会保障费用、保障被征地农民的利益。

 讨 论 与 分 享

　　说一说，你通过学习后理解的城市建设是如何分类的？
　　城市用地的评价受哪些因素影响？

二、城市用地规划

（一）城市总体布局

城市总体布局是研究城市各项用地之间的内在联系，并通过城市主要用地组成的不同形态表现出来。城市总体布局是城市总体规划的重要内容，它是在城市发展纲要基本明确的条件下，在城市用地评定的基础上，对城市各组成部分进行统筹兼顾、合理安排，使其各得其所、有机联系。

1. 城市总体布局的基本原则

（1）城乡结合，统筹安排

总体布局立足于城市全局，应从国家、区域和城市自身根本利益和长远发展出发，考虑城市与周围地区的联系，统筹安排，同时与区域的土地利用、交通网络、山水生态相互协调。

（2）功能协调，结构清晰

城市用地结构清晰是城市用地功能组织合理性的一个标志，它要求城市各主要功能用地功能明确，各用地之间相互协调，同时有安全便捷的联系，能够保证城市功能整体协调、安全和运转高效。

（3）依托旧区，紧凑发展

依托旧区和现有对外交通干线，就近开辟新区，循序滚动发展。新区开发布局应集中紧凑，节约用地和城市基础设施投资，以利于城市运营，方便城市管理，减轻交通压力。

（4）分期建设，留有余地

城市总体布局是城市发展与建设的战略部署，必须有长远观点和具有科学预见性，力求科学合理、方向明确、留有余地。对于城市远期规划，要坚持从现实出发，城市近期建设应以城市远期发展为指导，重点安排好近期建设和发展用地，形成城市建设的良性循环。

2. 自然条件对城市总体布局的影响

（1）地貌类型

地貌类型一般包括山地、高原、丘陵、盆地、平原、河流谷地等，它对城市的影响体现在选址和空间形态等方面。

平原地区地势平坦，城市可以自由扩展，因而其布局多采用集中式，如北京、济南、太原、石家庄等城市。河谷地带和海岸线上的城市，由于海洋、山地和丘陵的限制，城市布局多呈狭长带状分布，如兰州、大连、深圳等城市。江南水网密布，用地分散，城市多呈分散式布局，如苏州、绍兴、杭州等。

（2）地表形态

地表形态包括地面起伏度、地表坡度、地面切割度等。其中，地面起伏度为城市提供了各具特色的景观要素，地面坡度对城市建设影响最为普遍和直接，而地面切割度则有助于城市特色的创造。

地表形态对城市布局的影响主要体现在：山体丘陵城市的市中心都选在山体的四周进行建设，这样既可以拥有优美的地表绿化景观，同时又可以俯瞰、眺望整个城市全貌，如围绕南山建设的南山首尔城市中心；其次，居住区一般布置在用地充裕、地表水源丰富的谷地中；再次，工业特别是有污染的工业布置在地形较高的下风向，以利于污染空气的扩散。

（3）地表水系流域

地表水系流域的水系分布、走向对污染较重的工业用地和居住用地的规划布局有直接影响，规划中的居住用地、水源地、取水口应安排在城市的上游地带。

（4）地下水

地下水的矿化度、水温等条件不仅决定着一些特殊行业的选址和布局，还决定了其产品的品质。

城市总体规划中，地下水的流向应与地面建设用地的分布以及其他自然条件一并考虑。我们要防止因地下水受到工业排放物的污染而影响居住区生活用水的质量。城市生活居住用地及自来水厂，应布置在城市地下水的上水位方向；工业区特别是污水量排放较大的工业企业，应布置在城市地下水的下水位方向。

（5）风向

在进行城市用地规划布局时，为了减轻工业排放的有害气体对生活区的危害，通常把工业区布置在生活区的下风向，但应同时考虑最小风频风向、静风频率、各盛行风向的季节变换及风速关系。

（6）风速

风速对城市工业布局影响很大。在城市总体布局中，除了考虑城市盛行风向的影响外，还应特别注意当地静风频率的高低，尤其在一些位于盆地或峡谷的城市，静风频率往往很高。如果只将频率不高的盛行风向作为用地布局的依据而忽视静风的影响，那在静风日，烟尘滞留在城市上空无法吹散，只能沿水平方向慢慢扩散，仍然会影响邻近上风侧的生活居住区，难以解决城市大气污染问题。

3. 城市用地布局主要模式

城市用地布局模式是对不同城市形态的概括表述，城市形态与城市的性质规模、地理环境、发展进程、产业特点等相互关联。城市用地布局模式大体可分为以下几种类型：

（1）集中式的城市用地布局

这一模式的特点是城市各项用地集中连片发展，就其道路网形式而言，可分为网络状、环状、环形放射状、混合状以及沿江、沿海或沿主要交通干道带状发展等模式。

（2）集中与分散相结合的城市用地布局

这种模式一般有集中连片发展的主城区、主城外围形成若干具有不同功能的组团，主城与外围组团间布置绿化隔离带。

（3）分散式城市用地布局

在这种布局模式下，城市分为若干相对独立的组团，组团间被山丘、河流、农田或森林分隔，一般都有便捷的交通联系。

4. 城市总体布局基本内容

城市总体布局主要目的是为居民创造良好的工作环境、居住环境和休憩环境，核心问题是处理好居住区与工业区的合理关系。

（1）按组群方式布置工业企业，形成工业区

合理安排工业区与其他功能区的位置，处理好工业与居住、交通运输等各项用地之间的关系，是城市总体规划的首要任务。

（2）按居住区、居住小区等组成梯级布置，形成城市居住区

城市居住区的规划布置应能最大限度地满足城市居民多方面和不同程度的生活需要。一般情况下，城市居住用地由若干个居住区组成，根据城市居住区布局情况配置相应公共服务设施内容和规模，满足合理的服务半径，形成不同级别的城市公共活动中心，这种梯级组织更能满足城市居民的实际需求。

（3）配合城市各功能要素，组织城市绿地系统，建立各级休憩与游乐场所

将绿地系统尽可能均衡分布在城市各功能组成要素之中，尽可能与郊区绿地相连接，与江河湖海水系相联系，形成较为完整的绿地系统。

（4）按居民工作、居住、游憩等活动的特点，形成城市的公共活动中心体系

城市公共活动中心通常是指城市主要公共建筑物分布最为密集的地段，城市居民进行政治、经济、社会、文化等公共活动的中心。

（5）按交通性质和交通速度，划分城市道路的类别，形成城市道路交通体系

在城市总体布局中，城市道路与交通体系的规划占有特别重要的地位。按各种道路交通性质和交通速度的不同，城市道路按其从属关系可分为若干类别。交通性道路比如联系工业区、仓库区与对外交通设施的道路，以货运为主，要求高速；而城市生活性道路则是联系居住区与公共活动中心、休憩游乐场所的道路，以及他们各自内部的道路。

5. 城市总体布局的艺术性

城市空间布局应当在满足城市总体布局的前提下，利用自然和人文条件，对

城市进行整体设计，创造优美的城市环境和形象。

（1）城市用地布局艺术

城市用地布局艺术指用地布局上的艺术构思及其在空间上的体现，把山川河流、名胜古迹、园林绿地、有保留价值的建筑等有机组织起来，形成城市景观的整体框架。

（2）城市空间布局体现城市审美要求

城市之美是自然美与人工美的结合，不同规模的城市要有适当的比例尺度。城市美在一定程度上体现在城市尺度的均衡、功能与形式的统一。

（3）城市空间景观的组织

城市中心和干路的空间布局都是形成城市景观的重点，是反映城市面貌和个性的重要因素。城市总体布局应通过对节点、路径、界面、标志的有效组织，创造出具有特色的城市中心和城市干路的艺术风貌。

（4）城市轴线是组织城市空间的重要手段

通过轴线，可以把城市空间组成一个有秩序、有规律的整体，以突出城市的序列和秩序感。

（5）继承历史传统，突出地方特色

在城市总体布局中，要充分考虑每个城市的历史传统和地方特色，保护好有历史文化价值的建筑、建筑群、历史街区，使其融入城市空间环境中，创造独特的城市环境和形象。

（二）主要城市建设用地规模与相互关系确定

1. 主要城市建设用地规模的确定

城市用地布局就是各种不同的城市活动的具体要求，为其提供规模适当、位置合理的土地。为此，首先应估算出城市中各类用地的规模以及各自之间的相对比例，按照各自对区位的需求，综合协调并形成总体布局方案。

城市用地规模的确定可以采用两种方法。一是按照人均用地标准计算总用地规模后，在主要用地种类之间按照一定比例进一步划分；二是通过调查获得的标准土地利用强度乘以各种城市活动的预测量分项计算，然后累加的方法。

影响不同类型城市用地规模的因素是不同的，即不同用途的城市用地在不同城市中变化的规律和变化的幅度是不同的。例如，影响居住用地规模的因素相对单纯并且易于把握。在国家的土地政策、经济水平以及居住模式一定的前提下，采用通过统计得出的数据，结合人口规模的预测，很容易计算出城市在未来某一时间所需居住用地的总体规模。

相对于居住用地而言，工业用地规模的计算可能要复杂些，一般从两个角度进行预测。一个是按照各主要工业门类的产值预测和该门类工业单位产值所需用地规模来推算；另一个是按照各工业门类的职工数与该门类工业人均用地面积来计算。其中，城市主导产业的变化，劳动生产率的提高、工业工艺的改变等因素均会对工业用地的规模产生较大的影响。

商业商务用地规模的准确预测最为困难。这不仅因为该类用地对市场的需求更为敏感，变化周期较短，而且其总规模与城市性质、服务对象的范围、当地的消费习惯等因素有关，难以以城市人口规模作为预测的依据。同时，商业服务功能还大量存在于商业—居住、商业—工业等复合型土地利用形态中。规划中通常采用将商务、批发商业、零售业、娱乐服务业用地等分别计算的方法。

城市中的道路、公园、基础设施等公共设施的用地可以按照城市总用地规模的一定比例计算出来。例如，在目前我国的城市中，道路广场用地与公园绿地的面积分别占城市总用地的 8% ~ 15%。

此外，城市中还有些目的较为特殊但占地规模较大的用地，其规模只能按实际需要逐项计算。例如，对外交通用地（尤其是机场、港口用地），教育科研用地，用于军事、外事等目的特殊用地等。

城市用地规模是一个随时间变化的动态指标。通过预测所获得的用地规模只是对未来某个时间点所做出的大致估计。在城市实际发展过程中，不但各种用地之间的比例随时间变化，而且达到预测规模的时间点也会提前或延迟。

2. 主要城市建设用地位置及相互关系确定

在各种主要城市用地的规模大致确定后，需要将其落实到具体的空间中去。城市规划需要按照各类城市用地的分布规律，并结合规划所执行的政策与方针，明确提出城市用地布局的方案，同时进一步寻求相应的实施措施。通常影响各种城市用地的位置及其相互关系的主要因素可以归纳为以下几种，见表 1-4。

（1）各种用地所承载的功能对用地的要求

例如，居住用地要求具有良好的环境，商业用地要求交通设施完备等。

（2）各种用地的经济承受能力

在市场环境下，各种用地所处的位置及其相互之间的关系主要受经济因素的影响。对地租承受能力强的用地种类，例如商业用地在区位竞争中通常处于有利地位。当商业用地规模需要扩大时，往往会侵入其临近的其他种类的用地，并取而代之。

（3）各种用地之间的相互关系

由于各种城市用地所承载的功能之间存在相互吸引、排斥、关联等不同的关系，城市用地之间也会相应地反映出这种关系。例如大片集中的居住用地会吸引为居民日常生活服务的商业用地，而排斥有污染的工业用地或其他对环境有影响的用地。

（4）规划因素

虽然城市规划需要研究和掌握在市场作用下各类城市用地的分布规律，但这并不意味着对不同性质用地之间自由竞争的放任。城市规划所体现的基本精神恰恰是政府对市场经济的有限干预，以保证城市整体的公平、健康和有序。

表1-4 主要城市用地类型的空间分布特征表

用地种类	功能要求	地租承受能力	与其他用地关系	在城市中的区位
居住用地	较便捷的交通条件、较完备的生活服务设施、良好的居住环境	中等、较低（不同类型居住用地对地租的承受能力相差很大）	与工业用地、商务用地等就业中心保持密切联系，且不受其干扰	需要与居住用地之间保持便捷的交通联系，对城市其他用地有一定的负面影响
商务、商业用地（零售业）	便捷的交通、良好的城市基础设施	较高	一般需要一定规模的居住用地作为其服务范围	城市中心、副中心或社区中心
工业用地（制造业）	良好、廉价的交通运输条件、大面积平坦的土地	中等—较低	需要与居住用地之间保持便捷的交通联系，对城市其他用地有一定的负面影响	下风向、河流下游的城市外围或郊区

思考讨论

　　说一说，自然条件对城市的整体布局有哪些影响？

　　城市布局的主要模式有哪些？

　　想一想，主要城市用地建设规模的标准参照是如何总结或制定出来的？

讨论与分享

　　在学习了城市的用地分类与评价及城市用地规划，对于你设计未来之城有哪些帮助？激发了你对设计未来之城的哪些想法和创意？

第三节 评估与总结

 评估测试题

1. 城市建设用地共分为几种类型？各自包含哪些内容？

_____

_____

_____

2. 通过对哪些方面的仔细考量才能确定选定的地方适合建设城市？

_____

_____

_____

3. 说一说，你在这章中学习到了哪些知识？

_____

_____

_____

 本 章 总 结

　　本章我们学习了未来之城的设计理念和目标，选择了建设地点，了解了用地规划。

　　以下几个重点，一起来回顾一下吧！

　　◆《城市用地分类与规划建设用地标准》（GB50137-2011）体现了从城市为主向城乡并重的转变，采用分层次控制的综合用地分类体系，包括"城乡用地"和"城市建设用地"两个层级，分类层级与代码延续"树型多层级"模式。

　　◆ 城市用地的自然条件评价主要包括工程地质、水文、气候和地形等几个方面。

　　◆ 风向频率 $= \dfrac{\text{某一时期内观测、累计某一风向发生的次数}}{\text{同一时期内观测、累计风向的总次数}} \times 100\%$

第二章
城市总体布局

　　城市总体布局是城市的社会、经济、环境以及工程技术与建筑空间组合的综合反映，也是城市总体规划的重要内容。它是在基本明确了城市发展纲要的基础上，根据大体确定的城市性质和规模，结合城市用地评定，对城市各组成部分的用地空间进行统一安排、合理布局，使其各得其所、有机联系。它是一项为城市长期合理发展奠定基础的全局性工作，可作为指导城市建设的规划管理基本依据之一。

　　城市总体布局是通过城市用地组成的不同形态体现出来的。城市总体布局的核心是城市用地功能组织，它是研究城市各项主要用地之间的内在联系。我们要根据城市的性质和规模，在分析城市用地和建设条件的基础上，将城市各组成部分按其不同功能要求有机地组合起来，使城市有一个科学、合理的用地布局。

第一节 未来之城整体布局设计

 问题引入

讨论：城市在建设之前需要做哪些工作？

已经成熟的城市总体布局的基本原则会对城市建设有哪些建设性的指导？

 小组活动

活动主题：

设计并确定城市布局类型。

活动建议：

根据学习的相关专业知识，调整自己未来城市建设的地点、未来城市的主题、未来城市布局类型，将具体的布局设计以一定的比例图纸记录或者画出来，作为未来城市设计的基础。

活动内容：

在组长的带领下，以未来之城设计的理念和目标为基础，结合组内选定的城市类型设计城市布局。

当需要更多相关资料做支撑时，成员可以在课下有精力的情况下查阅相关资料。

讨论并进一步得出在选定的理念和目标及城市类型下未来之城初步的设计方案及设计图（初步明确建设的城市模型与真实城市的比例关系，进而初步确定每个建设模块的占地面积及大小。各建设模块的缩放比例等参数也需要初步明确下来，可以记录在文字稿件内，用于之后的论文整理参照）。

活动成果：

确定城市类型，设计未来之城的城市布局设计图。

 讨论与分享

在设计的过程中遇到了哪些困难？是如何解决的？

文献链接

一、城市总体布局的基本原则

城市总体布局要力求科学、合理，要切实掌握城市建设发展过程中需要解决的实际问题，按照城市建设发展的客观规律，对城市发展做出足够的预见。城市总体布局既要经济合理地安排近期各项建设，又要相应地为城市远期发展做出全盘考虑。科学合理的城市总体布局必然会带来城市建设和经营管理的经济性。城市总体布局是在一定的历史时期、一定的自然条件、一定的生产、生活要求下的产物。通过城市建设的实践，城市总体布局得到检验，发现问题，修改完善，充实提高。

（一）影响城市总体布局的因素

城市总体布局的形成与发展取决于城市所在地域的自然环境、工农业生产、交通运输、动力能源和科技发展水平等因素，同时也必然受到国家政治、经济、科学技术等发展阶段与政策的影响。

随着生产力的发展，科学技术的不断进步，规划布局所表现的形式也在不断发展。例如社会改革和政策实施的积极作用，工业技术革命及城市产业结构的变化、交通运输的改进与提高、新资源的发现、能源结构的改变等因素，都会对未来城市的布局产生实质性的影响。

城市存在于自然环境中，除了受到国家的政治、经济、科学技术等因素支配外，还有来自城市本身和城市周围地区两个方面的影响。生产力的发展水平和生产方式、城市的性质和规模、城市所在地区的资源和自然条件、生态平衡与环境保护、工业和交通运输等因素，都会在不同程度上影响城市总体布局的形成和发展。

（二）城市总体布局的基本原则

城市总体布局应体现前瞻性、综合性和可操作性，紧密结合我国城镇化发展的基本方针，坚持走中国特色的城镇化道路，按照循序渐进、节约土地、集约发展、合理布局的基本要求，努力形成资源节约、环境友好、经济高效、社会和谐的城镇发展新格局，取得社会效益、经济效益和环境效益的统一。城市总体布局具体应当综合考虑以下四个方面的要求：

第二章 城市总体布局

1. 增强区域整体发展观念，考虑城乡统筹发展

分析影响城市与区域整体性发展的各个因素，把握区域空间演化的整体态势。在城镇化发达地区，现在已出现了城市群、大都市连绵区等新形式的空间聚合模式，空间扩展、经济联系、交通组织等方面都呈现出一体化的态势。相对而言，欠发达地区的城市则呈现城镇化水平低、城镇规模小、功能弱、基础设施不健全等特点。

认真分析区域性产业结构调整和产业布局的影响。区域性的产业结构调整和转型发展可以直接影响城市功能的转变。对于区域经济中心城市，应将产业结构的高级化作为主要方向。对一般城市，则应根据自身的条件，调整和完善城市产业结构，明确具有竞争能力又富有效益的产业，也就是发展优势较高的产业，并在规划布局中为之提供积极发展的条件。

认真分析区域性生态资源条件的承载能力。区域是生态与环境可持续发展的基本单位，良好城市环境的创造和生态环境的可持续发展必须基于区域的尺度寻求解决的方案和对策。

认真分析区域性重大基础设施建设的影响。一方面应加强对支撑城市发展的战略性基础设施的研究，一方面，重视新的区域性重大基础设施项目的建设对城市布局形态可能产生的影响。

促进城乡融合，建立合理的城乡空间体系。在城镇化进程中，应注重实现城市现代化和农村产业化同步发展。在发展大中城市的同时，有计划地积极发展小城镇，通过建立合理的城乡空间体系，以市域土地资源合理利用和城镇体系布局为重点，通过各级城镇作用的充分发挥，推动实现农村现代化，使城乡逐步融合，共同繁荣。

2. 重点安排城市主要用地，强化规划结构

集中紧凑，节约用地，提高用地布局的经济合理性。城市总体布局在保证城市正常功能的前提下，应尽量节约用地，集中紧凑，缩短各类工程管线和道路的长度，节约城市建设投资，方便城市管理。城市总体布局要十分珍惜有限的土地资源，尽量少占农田，甚至不占良田，兼顾城乡，统筹安排农业用地和城市建设用地。

明确重点，抓住城市建设和发展的主要矛盾。努力找出并抓住规划期内城市

建设发展的主要矛盾,作为构思总体布局的切入点。对以工业生产为主的生产城市,其规划布局应从工业布局入手;交通枢纽城市则应以有关交通运输的用地安排为重点;风景旅游城市应先考虑风景游览用地和旅游设施的布局。城市往往是多职能的,因此我们要在综合分析基础上,分清主次,抓住主要矛盾。

规划结构清晰明确,内外交通便捷。城市规划用地结构是否清晰是衡量用地功能组织合理性的一个指标。城市各主要用地既要功能明确,相互协调,同时还要有安全便捷的交通联系,把城市组织成一个有机的整体。城市总体布局要充分利用自然地形、江河水系、城市道路、绿地林带等空间来划分功能明确、面积适当的各功能用地,在明确道路系统分工的基础上促进城市交通的高效率,并使城市道路与对外交通设施和城市各组成要素之间均保持便捷的联系。

3. 弹性生长,近远期结合,为未来预留发展空间

重视城市分期发展的阶段性,充分考虑近期建设与远期发展的衔接。城市远期规划要坚持从现实出发,城市近期建设规划则应以远期规划为指导。城市近期建设要坚持紧凑、经济、可行、由内向外、由近及远、成片发展,并在各规划期内保持城市总体布局的相对完整性。

旧区更新与新区建设联动发展。城市总体布局要把城市现状要素有机地组织进来,既要充分利用现有物质基础发展新区,又要为逐步调整或改造旧区创造条件。在旧城更新中要防止两种倾向,其一是片面强调改造,大拆大迁,过早拆旧,其结果就可能使城市原有建筑风貌和文物古迹受损;其二是片面强调利用,完全迁就现状,其结果必然会使旧城区不合理的布局长期得不到调整,甚至阻碍城市的发展。

考虑城市建设发展的不可预见性,预留发展弹性。所谓"弹性"即是城市总体布局中的各组成部分对外界变化的应变能力和适应能力,如对于经济发展的速度调整、科学技术的新发展、政策措施的修正和变更等的应变能力和适应能力。规划布局中某些合理的设想,若短期内实施有困难,就应当通过规划管理严加控制,为未来预留实现的可能性。

4. 保护生态和环境,塑造城市特色风貌

以生态与环境资源的承载力作为城市发展的前提。城市总体布局中,应控制

无序蔓延，明确增长边界。同时要十分注意保护城市地区范围内的生态环境，力求避免或减少由于城市开发建设而带来的自然环境的生态失衡。

保护环境，因地制宜，建立城市与自然的和谐发展关系。城市总体布局要有利于城市生态环境的保护与改善，努力创造优美的城市空间景观，提高城市的生活质量。慎重安排污染严重的工厂企业的位置，预防工业生产与交通运输所产生的废气污染与噪声干扰。加强城市绿化建设，尽可能将原有水面、树林、绿地有机地组织到城市中来。

注重城市空间和景观布局的艺术性，塑造城市特色风貌。城市空间布局是一项艺术创造活动。城市中心布局和干道布局是体现城市布局艺术的重点，城市轴线是组织城市空间的重要手段。

 讨 论 与 分 享

　　想一想，在考虑影响城市整体布局的因素时，怎样才能实现 1+1>2？

　　说一说，城市建设的基本原则有哪些？为什么要以这些原则为基准建设城市？

二、城市总体布局的集中和分散

城市的总体布局千差万别，但其基本形态大体上可以归纳为集中紧凑与分散疏松两大类别。各种理想城市形态也都基本可以回归到这两种模式。

在集中式的城市布局模式中，城市各项主要用地集中、成片、连续布置。城市各项用地紧凑、节约，便于行政领导和管理，不仅有利于保证生活经济活动联系的效率和方便居民生活，还有利于设置较为完善的生活服务设施，可节省建设投资。一般情况下，中小规模的城市较适宜采取集中发展的模式。但是，采用集中式发展的城市要注意预防过度集中造成的城市环境质量下降和功能运转困难，同时还应注意处理好近期和远期的关系。规划布局要具有弹性，为远期发展留有余地，避免虽然近期紧凑但远期出现功能混杂的现象。

分散式的布局形态较适宜大城市和特大城市，以及受自然条件限制造成城市建成区集中布局困难的城市。由于受河流、山川等自然地形、矿藏资源或交通干道的分隔，形成相对独立的若干片区，这种情况下的城市布局比较分散，彼此联系不太方便，市政工程设施的投资会提高一些。它最主要的特征是城市空间呈现非集聚的分布方式，包括组团状、带状、星状、环状、卫星状等多种形态。

应该指出，城市用地布局采取集中紧凑或分散疏松，受到多方面因素的影响。而同一个城市在不同的发展阶段，其用地扩展形态和空间结构类型也可能是不同的。一般来说，早期的城市通常是集中式的，连片地向郊区拓展。当城市空间再扩大或遇到障碍时，则开始采取分散的发展方式。随后，由于发展能力加强，各组团彼此吸引，城市又趋集中。最后，城市规模太大、需要控制时，又不得不以分散的方式，在其远郊发展卫星城或新城。因此，选择合理的城市发展形态，需要考虑城市所处发展阶段的特点。

三、基本城市形态类型

（一）集中型形态

集中型形态（Focal Form）是指城市建成区主轮廓长短轴之比小于 4:1 的用地布局形态，是长期集中紧凑、全方位发展形成的，其中还可以进一步划分成网格型、环形放射型、扇型等子类型。

网格型城市又称棋盘式，是最为常见和传统的城市空间布局模式。城市形态规整，由相互垂直的道路构成城市的基本空间骨架，易于各类建筑物的布置，但如果处理得不好，也易导致布局上的单调。这种城市形态一般容易在没有外围限制条件的平原地区形成，不适于地形复杂地区。这一形态能够适应城市向各个方向上扩展，更适合于汽车交通的发展。由于网格型城市路网具有均等性，各地区的可达性相似，因此不易形成显著的、集中的中心区。典型网格型城市如西班牙巴塞罗那、美国的洛杉矶、英国的密尔顿·凯恩斯等。

环形放射型是大中城市比较常见的城市形态，由放射形和环形的道路网组成，城市交通的通达性较好，有很强的向心紧凑发展的趋势，往往具有高密度较强的、展示性、富有生命力的市中心。这类形态的城市易于利用放射道路组织城市的空间轴线和景观，但最大的问题在于有可能造成市中心的拥挤和过度集聚，同时用地规整性较差，不利于建筑的布置。这种形态一般不适于小城市。典型的环形放射型城市如我国北京、法国巴黎、日本东京（图2-1）、德国的卡尔斯鲁厄等。

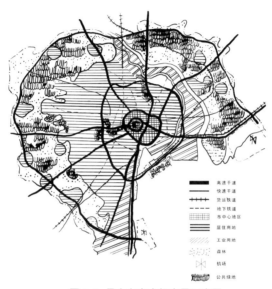

图 2-1 日本东京空间布局示意图

（二）带型形态

带型形态（Linear Form）又称线状形态，是指城市建成区主体平面的长短轴之比大于4:1的用地布局形态。带形城市大多由于受地形的限制和影响，城市被限定在一个狭长的地域空间内，沿主要交通轴线两侧呈单向或双向发展，平面景观和交通流向的方向性较强。这种城市的空间组织有一定优势，但规模应有一定的限制。带形城市必须发展平行于主轴的交通线，但城市空间不宜拉得过长，否则市内交通运输的成本很高。其子形态有U形、S形、环形等，典型城市如我国的深圳、兰州等。

环状形态在结构上可看成是带形城市在特定情况下首尾相接的发展结果。城市一般围绕着湖泊、山体、农田等核心要素呈环状发展，由于形成闭合的环状形态，与带状城市相比，环状形态城市各功能区之间的联系较为方便。由于环形的中心部分以自然空间为主，可为城市创造优美的景观和良好的生态环境条件。但除非有特定的自然条件限制或严格的控制措施，否则城市用地向环状的中心扩展的压力极大。典型案例如：新加坡、浙江台州、荷兰兰斯塔德地区等。

荷兰的兰斯塔德地区，也被称为绿心（Green Heart）地区，其是由阿姆斯特丹、鹿特丹、海牙和乌德勒支等共同组成的城市地区。位于莱茵河口的鹿特丹是重要的商业和重工业中心，其货物吞吐量曾长期位居世界第一。阿姆斯特丹是荷兰的首都和经济、文化、金融中心，海牙是国际事务和外交活动中心，乌德勒支是重要的交通运输枢纽城市。四个主要城市之间相距在 60 千米范围以内，这些城市共同组成了职能分工明确、专业化特点明显、相互关系密切的多中心的城镇群体。在这个城镇群体的中心是绿心，是荷兰精细农业和畜牧业最为发达的地区，也是周边城市群的游憩缓冲区。这一地区独特的空间形态源于其自然地理条件，但也是长期的规划控制的结果。

（三）放射型形态

放射型形态（Radial Form）是指城市建成区总平面的主体团块有三个以上明确发展方向的布局形态。大运量公共交通系统的建立对这一形态的形成具有重要影响，加强对发展走廊非建设用地的控制是保证这种发展形态的重要条件。放射型形态包括指状、星状、花瓣状等子形态，典型城市如哥本哈根等。

星状形态的城市通常是从城市的核心地区出发，沿多条交通走廊定向向外扩张形成的空间形态，交通走廊之间保留大量的非建设用地。这种形态可以看成在环形放射城市的基础上叠加多个线形城市形成的发展形态。

（四）星座型形态

星座型形态（Conurbation Form）又称为卫星状形态，这种城市总平面包含一个相当大规模的主体团块和三个以上较次一级的基本团块组成的复合形态。

星座型形态的城市一般是以大城市或特大城市为中心，在其周围发展若干个小城市而形成的。一般而言,中心城市有极强的支配性。而外围小城市具有相对独立性，但与中心城市在生产、工作和文化、生活等方面都有非常密切的联系。这种形态基本上是霍华德的田园城市和昂温的卫星城理论提出的城市空间形式，这种形态有利于在大城市及大城市周围的广阔腹地内，形成人口和生产力的均衡分布，但在其形成阶段往往受自然条件、资源情况、建设条件、城镇形状以及中心城市发展水平与阶段的影响。

实践证明，为控制大城市的规模，疏散中心城市的部分人口和产业，有意识地建设远郊卫星城是有一定效果的。但卫星城的建设仍要审慎研究卫星城的现有基础、发展规模、配套设施以及与中心城市的交通联系等问题，否则效果可能并不理想。典型的星座型形态城市有伦敦、上海等。

（五）组团型形态

组团型形态（Cluster Form）是指城市建成区具有两个以上的相对独立的主体团块和若干基本团块组成的布局形式。一个城市被分成若干块不连续的城市用地，每块城市用地之间被农田、山地、较宽的河流、大片的森林等分割。这类城市的规划布局可根据用地条件灵活编制，比较好处理城市发展的近、远期关系，容易接近自然，并使各项用地各得其所。关键是要处理好集中与分散的"度"，既要合理分工、加强联系，又要在各个组团内形成一定规模，使功能和性质相近的部门相对集中，分块布置。组团之间必须有便捷的交通联系。

（六）散点型形态

散点型形态（Scattered Form）的城市没有明确的主体团块，相对独立的若干基本团块在较大的空间区域内呈现出自由、分散的布局特征。

四、多中心与组群城市

随着城镇化进程的推进，在一些城镇密集地区，城镇间的社会经济联系日趋紧密，呈现出明显的组群化发展特征。如日本的京阪神地区，是以大阪为中心，在大阪湾东北沿岸半径50千米范围内的新月形区域内形成的大阪都市圈，包括京都、神户和历史古都奈良等城市，人口达1700万人。随着关西国际航空港、关西文化学术研究城市、大阪湾跨地区开发等重大项目的建成，在上述城市相互连接的轴心上，组成了人口、产业、文化等高度集中的多中心网络型的都市圈结构，以建成国际交流的中枢城市为目标，激发城市活力，创造良好的城市环境。

这种组群城市的空间形态是城市在多种方向上不断蔓延发展的结果。多个不同的片区或城市组团在一定的条件下独自发展，逐步形成不同的多样化的焦点和中心以及轴线。这种空间形态的典型城市还有底特律、洛杉矶、鲁尔城镇群（图2-2）等。

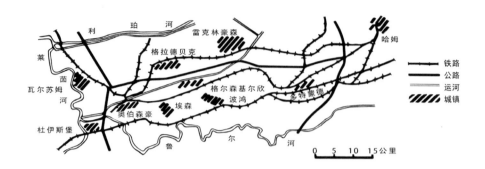

图 2-2 德国鲁尔城镇密集地区

 讨 论 与 分 享

说一说，基本城市形态类型及特点。

第二节 搭建未来之城总体布局

 问题引入

对于即将进行搭建的城市整体布局,你有哪些新颖的想法和设计?

 小组活动

活动主题:

搭建未来之城整体布局。

活动建议:

在开始活动之前,组长做好本节课内容的分工。

对依据设计图纸转化为搭建量进行合适的预估。

设计模块建议:

可以尽量在保证表面形态逼真的情况下将其中的细节展现清楚,如有必要可以配备文字说明(此文字说明可以作为之后论文整理的依据或内容)。

活动内容:

首先,对于已经设计好的图纸进一步完善。

其次,思考并协商,组内对于将图纸内容转化为实物搭建的方式或者过程达成一致。

再次,对于设计图纸中的各个需要实物搭建的部分,进一步对于实物形状、外观等进行设计和确定。

然后,去材料存放处挑选搭建搭建未来之城整体布局需要的材料,注意勤拿少取,避免材料浪费。

最后,对搭建未来之城整体布局进行合力搭建(进一步明确建设的城市模型与真实城市的比例关系,进而确定每个建设模块的占地面积及大小。各建设模块的大小缩放比例等参数也需要明确下来,可以记录在文字稿件内,用于之后的论文整理参照)。

活动成果:

搭建未来之城整体布局,将相关的文字说明整理成文字稿件。

活动时长：

建议 40 ～ 45 分钟，如果课上没有完成创作，则需要及时调整设计规划，也可以在课下有精力的情况下对其进行完善。

 讨论与分享

在设计的过程中遇到了哪些困难？是如何解决的？

 文献链接

一、矿业城市

矿区生产不同于一般工业生产，矿区资源条件是矿区工业布局的自然基础，矿区工业的布局与矿井分布有密切关系，因此矿藏分布对矿区城市的结构有决定性的影响。在一般情况下，矿井分布比较分散，这也就决定了矿业城市总体布局分散性的特点。此外，矿区有一定的蕴藏量和一定的开采年限。因此，矿区城市的发展年限、规模和布局必须与矿区开发的阶段相适应。

例如煤矿城市，在矿区处于开始建设阶段，应着重考虑如何迅速建成煤炭工业本身比较完整的体系以及交通、电力、给排水、建筑材料等先行部门的配合建设（图 2-3）；在矿区建设达到或接近规划最终规模时，应充分利用煤炭资源和所在城镇与地区的有利条件，合理利用劳动力，有重点地建设一些经济上合理且必要的加工工业部门，形成具有综合发展程度较高的采矿业与制造业相结合的工矿城市；在矿区或矿井接近"衰老"阶段，则应及早寻找后备矿区，并事先考虑煤产递减期间和报废

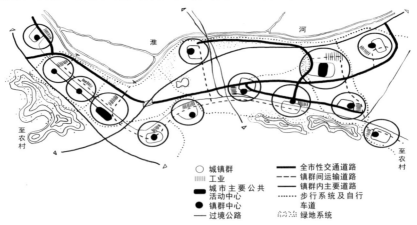

图 2-3 某工矿城市的城镇布局和交通组织规划示意图

以后如何利用现有工业建筑、公用设施和居民点，规划好拆迁、改建、转产、城镇工业发展方向的调整及居民点的迁留等问题。

由于矿区大多分布在山区丘陵地带和地质构造比较复杂的地方，因此城市规划布局要很好地考虑地形条件和地质条件。矿区各项用地的布置要考虑到矿藏的范围，避免因压矿（特别是浅层矿层）而影响开采。

矿区生产需要频繁的交通运输，仅靠汽车运输是不够的，还必须考虑采用矿区内部窄轨铁路、内燃机车、架空索道、管道运输等专用交通方式。而且运输管线与设施占地较大，这对矿区工业生产布局有很大影响。

矿区工业生产的特点决定了矿区居民点难以集中布局，但居民点过于分散，不便组织生活，因此应做到集中与分散相结合。一般可选择条件较好、位置适中的地段作为整个矿区城市的中心居民点，选择其中人口、工业、生活服务与文化设施齐全的可作为全矿区的行政管理与公共服务的中心。其他的居民点规模应与矿井的生产能力相适应，并与中心居民点（城镇）有方便的交通联系。

矿区与农村的联系较为密切，在进行矿区总体布局的同时，应尽可能结合考虑矿区所在地区的工农业基本建设，把矿区的开发与农田基本建设、大工业与乡镇工业、矿区公路与农村规划道路、矿区供电和农村用电、村庄的改建与矿工生活区的组织、矿区公共服务设施的分布与农村使用要求等统一考虑，使工农业相互支援，城乡相互促进、协调发展。

二、风景旅游和纪念性城市

随着生产的不断发展和经济文化水平的提高，我国的旅游事业将不断地得到发展，风景旅游城市的建设也将进一步发展与提高。风景旅游城市首先体现在对风景的充分保护与开发利用，并为发展旅游事业服务这一主要的城市职能上。作为一个风景游览性质的城市，在城市布局上就应当充分发挥风景游览这一主要的经济和文化职能的作用。在风景游览城市的总体规划布局中，应着重处理好以下几个方面的关系：

（一）城市布局要突出风景城市的个性，维护风景和文物的完整性

我国许多著名的风景城市，在自然条件、空间组织、园林艺术及建筑等方面都具有独特的风格，明显地区别于其他城市。风景游览城市的布局，首先必须强调突出城

区和游览区的特色并充分发挥它们的固有特点。要特别注意维护和发展风景城市的完整面貌，突出风景点的建设和历史文物古迹的保护。

（二）正确处理风景与工业的关系

首先，从工业性质方面加以严格控制，合理选择工业项目。在风景游览城市中，可以发展少量为风景游览服务的工业，以及清洁无害、占地小、职工人数少的工业。其次，合理选择工厂建设的地点，使工业建设有利于环境保护，并与周围自然环境取得配合。对具有特殊条件的风景城市，如当地有大量优质矿藏等必须发展对风景有影响的工业时，则应从更大的地区范围内合理地分布这些工业。对那些占地较多、污染较大的冶金、化工、水泥等工业应严格禁止设在市区及风景区的周围。对于已经布置在风景区或风景城市内的工业，应根据其对城市环境与风景的影响程度，分别采取强制治理、改革工艺、迁移等不同的办法，逐步加以解决。

（三）正确处理风景区与居住区的关系

一般不应该将风景良好的地方发展为居住区。这不仅会破坏风景区的完整性，同时居民的日常生活活动也会对风景游览带来一定的影响。

（四）正确处理风景与交通的关系

风景旅游城市要求客运车站、码头尽可能靠近市区，而又不影响城市与风景区的发展。运输繁忙的公路、铁路、港口、机场等，在一般情况下不应穿过风景游览区和市区。在临近湖泊、江河、海滨的风景城市，则应充分利用广阔的水面，组织水上交通。市内的道路系统，应按道路交通的不同功能加以分类与组织。游览道路的组织是道路系统中重要内容之一。游览道路的布局与走向应结合自然地形与风景特征，为游人创造良好的空间构图和最佳景观效果。

（五）正确处理风景游览与休养地、疗养地及纪念性城市的关系

在风景优美而又具备疗养条件的城市中，往往会开辟休养地、疗养地。风景区是对全体游人开放的，而休养地、疗养地则为一定范围内的休养、疗养人员服务。因此，如果将休养地、疗养地设在许多风景点附近，在实际上缩小了游览面积，减少游览内容和可容纳的游人数量。往来频繁的游人也会影响休养地、疗养地的安全与卫生。休养地为健康人的短期休养服务，而疗养地为不同类型的病人服务，因此二者在用地布局上也有不同的要求。

纪念性城市的政治或文化历史意义比较重要，革命纪念旧址或历史文化遗迹在城市中分布较多，它们在城市布局中往往占有一定的主导地位，如革命圣地延安，历史名城遵义等。纪念性城市在规划中，应突出革命纪念地和历史文物遗址在城市总体布局中的主导地位，正确处理保护革命纪念旧址、历史文物与新建建筑物之间的关系。搞好城市绿化布局与环境的配置，保持纪念性城市特有的风貌。

三、山区城市

山区城市的地形条件比较复杂，用地往往被江河、冲沟、丘谷分割，由于地形条件比较复杂，地形高差较大，平地很少，工农业在占地上的矛盾往往较为突出，这就给工业、铁路场站以及工程设施的布置带来一定的困难。一般情况下，首先应将坡度平缓的用地尽量满足地形条件要求较高的工业、交通设施等需要。此外，高低起伏的地形条件，也可以给规划与建设带来一些有利的因素，如利用地形高差布置车间、仓库及水塔、贮水池、烟囱等工程构筑物，利用自然地形屏障规划与布置各种地下与半地下建筑，利用自然水体、山岗丘陵布置园林绿化。山区城市的布局往往受到自然地形条件的限制，形成以下几种形式的分散布局：

（一）组团式布局

城市用地被地形分隔，呈组团式布局。工业成组布置，每片配置相应的居住区和生活服务设施，片与片之间保持着一定距离，各片之间由道路、铁路或水运连接。在这类城市的总体布局中，工业的布局不宜分布过散，应根据工业的不同性质，尽可能紧凑集中，成组配置。每个组团不宜太小，必须具备一定的规模和配置完善的生活服务设施。

（二）带状布局

受高山、峡谷和河流等自然条件的限制，城市沿河岸或谷地方向延伸，形成带状布局。其主要特点是平面结构与交通流线的方向性较强，但其发展规模不宜过大，城市不宜拉得太长，必须根据用地条件加以合理控制，否则将使工业区与居住区等交错布置，或使交通联系发生困难，增加客流的时间消耗。城市中心宜布置在适中地段或接近几何中心位置。若城市规模较大，分区较多，除了全市性公共活动中心以外，还应建立分区的中心。工业与对外交通设施不应将城市用地两端堵塞封闭。在谷地布置工业，要特别注意地区小气候的特点与影响，避免将有污染的工业布置在容易产生逆温层的地带或静风地区（图2-4）。

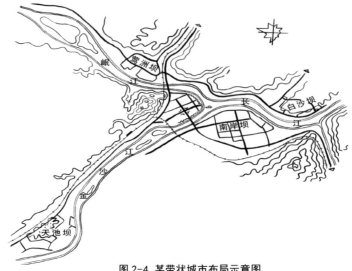

图2-4 某带状城市布局示意图

（三）分片布局

分片布局是大城市或特大城市在山区地形条件十分复杂的条件下采取的一种布局方式（图2-5）。

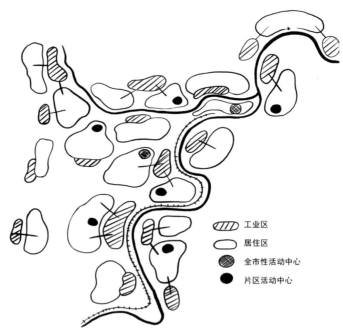

图2-5 某山区城市的分片布局示意图

四、港口城市

港口是港口城市发展的基础。岸线的自然条件也是港口城市规划布局的基础，尤其深水岸线是港口城市赖以发展的生命线。港口城市的规划布局，应重点考虑以下几个方面的问题：

（一）统筹兼顾，全面安排，合理分配岸线

岸线使用分配得合理与否对整个城市布局的合理性关系甚大。规划必须贯彻"深水深用、浅水浅用、分区管理、合理布局"的原则，使得每一段岸线都能得到充分利用。根据港区作业与城市生产生活的要求，统筹兼顾，全面安排港区各项用地、工业用地和城市各项建设用地。应根据不同要求，合理分配岸线，协调港口装卸运输和其他建设使用岸线的矛盾。对于城市人民的文化和生活必需的岸线要加以保证，为城市居民创造良好的生活与游憩条件。

（二）合理组织港区各作业区，提高港口的综合运输能力，使港口建设和城市建设协调发展

港区内各作业区的安排，对城市用地布局有直接的影响。客运码头应尽量接近市中心地段，并和铁路车站、市内公共交通有方便的联系。旅客进出码头的线路不应穿过港口其他的作业区。如果水陆联运条件良好，最好应设立水陆联运站。为城市服务的货运码头，应布置在居住区的外围，接近城市仓库区并与生产消费地点保持最短的运输距离。转运码头则要求布置在城市居住区以外且与铁路、公路有良好联系。大型石油码头应远离城市，其水域也应和港区其他部分分开，并位于城市的下风向和河流的下游。超大型船舶的深水泊位，有明显地向河口港下游以及出海处发展的趋势。

海港城市的无线电台较多，因此对有关空域须加以合理规划与管理，为避免相互干扰，应分别设置无线电收发讯台的区域。收讯台占地较大，以远离市区为宜。发讯台占地较少，对城市影响也较小，可设在市区。

（三）结合港口城市特点，创造良好的城市风貌

充分利用港口城市独特的自然条件来创造良好的城市空间与总体艺术面貌。在城市空间布局与建筑艺术构图上，要考虑人们在城市内的日常活动的空间要求，还要考虑在海面上展望城市的面貌。

讨论与分享

不同类型城市的总体布局各有怎样的特点？
不同类型的城市，他们的总体布局会有怎样的不同设计及规划？

第三节 评估与总结

◎ 评估测试题

1.城市总体布局的基本原则是什么？

_____

_____

_____

2.请简述你设计的城市总体布局遵循的原则及展现的形式。

_____

_____

_____

3.说一说，你在这章中学习到了哪些知识？

_____

_____

_____

本章总结

　　本章我们学习了城市总体布局的基本原则、城市总体布局模式、不同类型的城市总体布局，设计并确定了城市布局类型。

　　以下几个重点，一起来回顾一下吧！

　　◆ 城市总体布局的形成与发展取决于城市所在地域的自然环境、工农业生产、交通运输、动力能源和科技发展水平等因素，同时也必然受到国家政治、经济、科学技术等发展阶段与政策的影响。

　　◆ 城市的总体布局千差万别，但其基本形态大体上可以归纳为集中紧凑与分散疏松两大类别。各种理想城市形态也都基本可以回归到这两种模式。

第三章
城市交通与道路系统

城市中，不论是工作或商务活动，还是休闲、访友等社会活动都日益频繁，城市内部及城市间的联系也越来越密切。这些活动和联系必然伴随着人员和物资的移动。人们在空间的移动能力已经成为实现社会变革和发展进步的前提条件。人们克服空间距离因素制约、实现自由移动能力已经是当今城市中人类的一项"根本能力"。这一能力不仅将影响到人们参与社会活动的能力，如工作、教育等，还将影响到人们使用城市各项公共服务的方便程度，如就医、购物等。这一基本能力就是我们通常所说的机动性（Mobility）。

第一节 未来之城道路交通系统设计

 问题引入

　　在你见过的道路中，让你印象最深刻的是哪一条？想一想，它为什么会这么设计？

　　想一想，城市道路系统是如何进行规划的？需要考虑哪些因素？

　　城市综合交通规划由哪些模块组成？有哪些注意事项？

　　现在让你来设计未来城市的交通及道路系统，你有哪些好的想法？

 小组活动

活动主题：

未来之城道路交通系统设计。

活动建议：

根据学习的相关专业知识，对未来城市的交通及道路系统进行设计，并将其设计在未来之城整体总体布局基础之上，设计并确定下来未来之城的交通及道路系统的设计图。

尽量包含书中涉及的模块。

（建议参照，但不限于此。）

活动内容：

在组长的带领下，组内成员进行合理分工，将未来之城的交通及道路系统的设计分为合理的模块，组内成员协作完成交通及道路系统的设计并落实在设计图上。

当需要更多相关资料做支撑时，成员可以在课下有精力的情况下查阅相关资料。

活动成果：

设计未来之城的交通及道路系统设计图。

活动时长：

建议 35 ～ 45 分钟。

讨论与分享

　　在未来之城交通及道路系统的设计过程中遇到了哪些问题？这些问题是否得到了解决？这些问题是如何解决的？

　　文献链接

一、城市交通系统的构成

随着城镇化进程的不断推进，越来越多的人居住在城市地区，城市是人类生产生活活动的聚集区，因此也成为各类中短距离交通最集中的区域，也是各类长途交通运输最主要的起止点。

（一）城市交通的分类

现代城市交通是由多部门共同构成的一个组织庞大、复杂、严密而精细的系统。根据不同的分类标准，我们可以从不同角度认识这一系统复杂的构成状况。

1. 运输对象

根据运输对象不同，城市交通可以首先分成客运交通和货运交通两大系统。一般来说，城市的客货运交通分别由不同的子系统承担。在某些特殊的运输方式中，也会出现客货运共用同一系统的情况（如轮渡）。

2. 空间分布

交通的起止点（即O-D点）是说明它与城市空间关系的主要依据（图3-1）。其中：O-D点均在中心城区范围内的交通，称为市内交通；O-D点中一个在中心城区，另一个在市域范围内的郊区，称为市域交通；前两者合称城市交通。O-D点中只有一个在市域范围内的称为城际交通（或对外交通），O-D点均不在市域范围内，但交通流线却穿越城市区域的，称为过境交通。

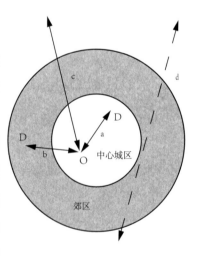

a- 市内交通　　　　b- 市域交通
c- 城际（对外）交通　d- 过境交通

图 3-1 城市交通分类示意图

3. 运输方式

根据运输方式，城市交通可以分成道路交通（包括机动车、非机动车和步行）、轨道交通（又分地面、高架、地下等形式，包括地铁、轻轨、单轨等）、水上交通（包括轮渡、水上巴士等）、空中交通（包括缆车、索道等）、管道运输、电梯传送带等。

4. 运行组织形式

城市交通又可分成个体交通和公共交通，其中前者包括个体机动交通（小汽车交通）和个体非机动交通（步行、自行车、电动自行车等）。

（二）城市交通方式之间的转换和衔接

1. 城市交通方式的多样性

城市客货运交通需求是多样的，解决城市交通问题不应当着眼于某一交通方式，而必须通过建设可选择的多样化、多模式集成的交通体系。交通是实现城市功能正常运转的重要基础，当代城市需要高效益和高效率的交通支持。为了克服空间距离的制约，人们逐步发展了高速交通工具，但乘客较少的话在经济上就不能支撑下去。慢速交通工具在现代城市交通体系中依然起着非常重要的作用。因此，城市交通是由多种速度构成的一个体系。

2. 交通出行和交通运输是一个连续的过程

交通运输是一个不间断的、连续的过程，减少内外交通的中转，提高门到门运输的程度，城市内外交通的界限将逐步消除。如铁路运输，有些城市已将国有铁路、市郊铁路与市区轻轨电车、地铁等线路连通；高速公路一般也与城区的快速路网（高架路）相衔接；水运方面，将运河引进城市港区，成为港区的组成部分是非常普遍的。在客运方面，充分发挥各类运输方式的长处，以车站为结点，将轨道交通与道路交通、公共交通与个体交通，机动交通与非机动交通紧密衔接，组织方便的客运转乘也是现代交通运输的重要方法。

二、城市交通与城市发展的相互关系

城市的形成发展与城市交通建设之间有着非常密切的关系。城市交通是与城市同步形成的，城市的形成必包含城市交通的因素，一般先有过境交通，再沿交通线形成城市。因此，也可以说城市对外交通（由外部对城市的交通）是城市交通的最初形态。城市交通自始至终贯穿城市的形成与发展过程之中。

随着城市功能的完善和城市规模的扩大，城市内部交通也随之形成与发展。同时，城市由于城市对外交通系统与城市对内交通系统的发展与完善而进一步发展与完善。这就是城市交通与城市相辅相成、相互促进的发展过程。城市的现代性在很大程度上取决于城市交通条件的改善。在马车时代，城市的活动范围一般在 3 ～ 5 千米内，有轨电车时代城市的活动范围可以达到 10 ～ 15 千米。今天多种交通方式并存，这使人们的活动范围可以扩大到 50 ～ 70 千米。

为此，规划制定过程中应当注重交通规划与用地空间规划之间的相互协调和相互配合。但由于传统城市管理的部门分隔，土地使用与交通规划常常成为相互分离的两项任务。这样的结果使交通规划或是加强了过去的发展趋势（如不断满足日益增长的小汽车的出行），或是诱导城市土地开发向我们并没有规划的地区发展。对土地使用规划来说也是一样，基于中心地理论的土地使用规划常常忽略了大型交通基础设施投资对土地开发的影响。在很多情况下，用地规划仅仅将交通规划的很多内容作为一个外部条件，而不是将其作为一个需要与土地使用相互协调的规划因素一并加以考虑。正是土地使用与交通之间缺乏相互协调，造成城市道路交通构筑物越来越多，但城市交通却越来越拥挤的状况。一味通过大量投资提高道路容量来减少交通拥挤，其结果是带来更多的交通量，人们反而会越来越失去可以自由移动的能力，同时还带来了严重的污染、交通事故等问题。

因此，研究解决城市交通问题是城市规划的首要任务之一。城市中既要提高城市交通的效率，减少交通对城市生活的干扰，又要创造更宜人的城市环境。城市交通对城市发展的影响主要有以下几个方面。

（一）对城市空间区位的影响

交通是城市形成发展的重要条件。良好的交通可达性可以减轻由于先天的空间区位不佳对后续城市发展造成的不利影响。交通运输方式配备的完善程度与城市规模、经济、政治地位有着密切的关系。绝大多数城市都具有水陆交通条件，大部分特大城市都是水陆空交通枢纽。

（二）对城市发展规模的影响

城市交通对城市规模影响很大，它既是发展的因素，也是制约的因素。市内交通联系的方便程度，在很大程度上会影响中心城区的用地规模和人口规模。而便捷的对外交通联系，则提高了城市在区域上的集聚和扩散能力，至于是集聚效应抑或扩散效应主导，还取决于城市本身的综合吸引力。因此，城市交通对城市发展是一柄双刃剑。

（三）对城市空间布局的影响

城市交通对城市布局有重要的影响。城市道路系统是城市总体空间布局的基本骨架，对城市的空间形态和整体风貌起着决定性的作用。而城市的交通走廊往往是城市空间布局发展的走廊，哥本哈根的指状结构的空间形态与支撑这一结构的轨道交通密切相关。

 讨论与分享

城市交通的合理规划会对城市发展带来哪些影响？

城市道路系统规划应当首先认识到城市道路系统的多功能特征。首先，道路具有交通功能，既能满足城市居民工作生活出行的需要，也是城市货物运输和物资流通的主要通道。其次，城市道路系统具有组织功能，具有划分用地、组成街坊、构成城市形态等作用，是城市总体用地空间结构的基本骨架。再次，城市道路系统也是城市中重要的公共空间，能够为居民提供社会活动空间，保证城市的日照和自然通风，为基础设施和管线提供公共走廊。最后，城市道路系统还具有防灾功能，平时发挥着防火隔离带的作用，紧急情况下是重要的疏散避难场所。

三、城市道路系统布置的基本要求

城市道路用地面积应占城市建设用地面积的 8% ～ 15%。对规划人口在 200 万以上的大城市，这一比例宜为 15% ～ 20%。城市人均占有道路用地面积宜为 7 ～ 15 平方米。其中，道路用地面积宜为 6.0 ～ 13.5 平方米 / 人，广场面积宜为 0.2 ～ 0.5 平方米 / 人，公共停车场面积宜为 0.8 ～ 1.0 平方米 / 人。除了满足数量上的技术要求外，现代城市的道路必须满足交通安全、准时、便捷及城市环境品质提高的要求。

（一）重视交通与城市用地功能布局之间的互动关系

城市道路系统规划应该以合理的城市用地功能布局为前提，通过城市道路将城市各个组成部分联接成一个相互协调、有机联系的整体。但同时也要意识到，城市道路系统并非消极地适应于拟定的城市总体布局，交通设施也可以影响到城市功能和用地组织。在城市道路系统规划过程中，首先要注意到道路系统和用地布局之间的互动关系。

在城市道路系统规划中，首先要考虑到城市空间的联系和功能布局。切忌仅仅从点和线的联系来考虑道路功能的布局。某些城市过于强调控制城市主干道两侧的商业和公建设施的安排，使城市丧失活力，甚至使人们感到不安全。城市用地按功能布局时，要使各分区内既有各类就业的用地，又有居住用地，并配置相应的商业、医疗、文化娱乐等日常生活公共设施，使居民上下班及日常生活活动在尽可能较小的范围内即可解决，这样就形成了各分区内部安全、便利的交通系统。而居住区、工业区、仓库码头区、铁路车站、机场、市中心区、风景游览区、郊区等分区之间的交通，形成了全市性的交通系统，主要解决各分区之间客、货运的流通。

（二）均衡分布城市道路系统，保证一定的路网密度

在城市道路规划中要尽量使交通能够在全市范围内均衡分布，使得交通活动和其他城市功能能相互匹配。避免将交通任务过于集中于少数干道。通过技术手段虽然可以短时间内提高某些路段的通行能力，但如果我们不对城市交通模式做出根本性的调整，其作用很快就会被快速增长的交通量抵消。为此，城市道路系统中交通干道应占有一定比例，这一比例通常用干道网密度来衡量，单位以 km/km^2 表示，即每平方公里城市用地面积内平均所具有的干道长度。干道网密度越大，交通联系也越方便，但密度过大，会造成城市用地不经济，增加建设投资。一般认为，城市干道的适当间距为 700～1 100 米，干道网密度以 2.8～1.8km/km^2 为宜。大城市道路网密度以 4.0～1.8km/km^2 为宜，道路面积率以 20% 左右为宜。

（三）按照绿色交通优先的原则组织完整的道路系统

在进行城市用地功能组织的过程中，应该充分考虑城市交通的要求，并与步行、自行车和公共交通等绿色交通体系相结合，这样才能得到较为完善的方案。

城市空间策略的实现都需要有相应交通体系的支撑，而缺乏相应交通体系支撑的

城市空间布局策略，无异于空中楼阁。规划中要考虑到网络的影响和城市骨干公共交通走廊的设置，对城市总体布局中的各项用地，特别是吸引人流、车流集散点的用地提出具体布置的意见，做到相互协调、有机联系。

（四）按交通性质区分不同功能的道路

城市客货运交通和汽车数量迅速增长，使很多城市的交通问题日趋严重。大量客货运机动车交通、自行车上下班交通、日常生活的行人交通等，在城市干道和交叉口经常发生矛盾，形成交通拥挤、阻塞，甚至引起交通事故。造成这一情况的重要原因是道路使用效率最低的小汽车的快速增长。按客货流不同特性、交通工具不同性能、交通速度差异进行分流，将道路区分不同功能也是一种应对的方法。

（五）重视交叉口的设计和处理

交叉口也是城市道路系统中的一环，交叉口的通行能力取决于交通方式的组织，在城市中心地区应尽量避免大型交叉口，给行人穿越道路提供方便。在人流和车流都很密集的地区必须采取立体化和区域交通组织的措施。繁忙路口大型公共建筑的布置必须妥善考虑进出这些建筑的人流和车流组织。在这些地区缺乏适当的交通组织将会对大范围的交通产生影响。

（六）充分利用地形，减少工程量

在确定道路走向和宽度时，尤其要注意节约用地和节省投资费用。自然地形对规划道路系统有很大影响。在地形起伏较大的丘陵地区和山区，道路选线常受地形、地貌、工程技术经济等条件的限制，有时候不得不在地面上进行较大的改变，纵坡也要进行适当的调整。如果片面强调平直，就会因增加土方工程量而造成浪费。因此，在规划道路系统时，要善于结合地形，尽量减少土方工程量，节约道路的基建费用，便于车辆行驶和地面水的排出。

道路选线还要注意所经地段的工程地质条件，线路应选在土质稳定、地下水位较深的地段，尽量绕过水文地质不良的地段。

（七）要考虑城市环境和城市面貌的要求

道路走向应有利于城市通风，一般应平行于夏季主导风向。南方海滨、江滨的道路要临水敞开，并布置一定数量且垂直于岸线的道路。北方城市冬季严寒且多风沙、大雪，道路应与大风的主导风向呈直角或一定的偏斜角度，避免大风直接侵袭城市。

山地城市道路走向要有利于山谷风通畅。

在交通运输日益增长的情况下，对车辆噪声的防治应引起足够的重视。一般在道路规划时可采取的措施有：过境车辆不穿越市区；在道路宽度上考虑必要的防护绿地来吸收部分噪声。沿街布置建筑物时，在建筑设计中应做特殊处理，一般可采取建筑物后退红线、房屋山墙对道路、临街布置有专用绿地的公共建筑等措施，还可根据具体情况调整道路和横断面。另外，道路两侧的公共建筑也可以起到隔离噪声的作用。

城市道路特别是干道反映着城市面貌。因此，沿街建筑和道路宽度之间的比例要协调，并配置恰当的树丛和绿带。同时还应根据城市的具体情况，把自然景色（山峰、湖泊、公共绿地）、历史文物（宝塔、桥梁、古建筑）、重要现代建筑（电视塔、展览馆）贯通起来，在不妨碍道路主要功能的前提下，使之形成一个整体，使城市面貌更加丰富多彩。

（八）要满足敷设各种管线及与人防工程相结合的要求

城市中各种管线一般都沿着道路敷设，各种管线工程的用途不同，性能和要求也不一样。如电信管道本身占地不大，但它需要较大的检修孔；排水管道埋设较深，施工开槽用地较多；燃气管道要防爆，须远离建筑物；有些管道如采用架空敷设，需要考虑管道净空高度，以便车辆通行。当几种管道平行敷设时，它们相互之间要求一定的水平距离，以便在施工养护时不致影响相邻管线的工作和安全。因此，规划道路时要考虑有足够的用地。一般管线不多时，应根据交通运输等要求来确定道路的宽度。

在规划道路中的纵断面和确定路面标高时，对于给水管、燃气管等有压力的管道影响不大，因为它们可以随着道路纵坡度的起伏而变化。雨水管、污水管是重力自流管，排水管道要有纵坡度，道路纵坡设计最好要予以配合。道路规划也应和人防、防灾工程规划相结合，以利战备，防灾疏散。城市要有足够数量的对外交通出口，有一个完善的道路系统，以保证平时、战时、受灾时交通畅通无阻。

四、城市道路系统的等级结构

为完善道路系统，通常采取交通分流的办法，即快与慢分流、客与货分流、过境与市内分流、机动车与非机动车分流。此外，还应采取开辟步行区、自行车道、快速公共交通专用道等辅助措施，以利于城市道路系统进一步完善提高。

（一）交通性道路和生活性道路

城市道路系统可分为主要道路系统和辅助道路系统，前者是由城市干道和交通性的道路所组成的，主要解决城市中各部分之间的交通联系和对外交通枢纽之间的联系。其特点为行车速度大、车辆多、行人少，道路平面线型符合快速行驶的要求，对道路两旁要求避免布置能吸引大量人流的公共建筑。

辅助道路系统基本上是城市生活性的道路系统，主要解决城市中各分区的生产和生活组织。其特点是车速较低，以行人、自行车和短距离交通为主。辅助道路系统中心车道宽度可稍窄一些，两旁可布置为生活服务的人流较多的公共建筑和停车场地，要保证有比较宽敞的人行和自行车使用的空间。

这两种不同性质道路应根据城市总体布局的要求加以区分，不应把两种类型重叠在一条干道上，以免影响行车速度和行人安全。交通性道路系统应突出其"通畅"的特征，并将城市的大部分车流（包括货运交通以及必须进入市区的市际交通）尽最大可能组织和吸引到交通干道上来。而生活性道路则应当突出其"通达"的特征，突出其服务于地区内部可达性的作用（图3-2）。

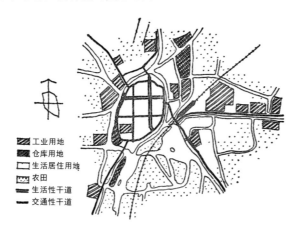

图3-2 某城市道路规划中将生活性干道和交通性干道区分开来

（二）城市道路的分级

按照在道路网中的地位、交通功能以及对沿线建筑物的服务功能等，城市道路可以分成若干等级。根据我国《城市道路交通规划设计规范》（GB 50220-95），我国的城市道路可分成以下四个等级。

1. 快速路

快速路为城市中大量、长距离、快速交通服务，通常设置在大城市和特大城市。快速路的对向车行道之间应设中间分车带，其进出口应采用全控制或部分控制。快速路两侧不应设置能吸引大量车流、人流的公共建筑物的进出入口。

2. 主干路

主干路为全市性干道，应为连接城市各主要分区的主要通道，以交通功能为主。自行车交通量大时，宜采用机动车与非机动车分隔形式，如三幅路或四幅路。主干路两侧不应设置能吸引大量车流、人流的公共建筑物的进出口。

3. 次干路

次干路也称区干道，应与主干路结合组成道路网。次干路为联系主要道路之间的辅助交通路线，起集散交通的作用，兼有服务功能。

4. 支路

支路也称街坊道路，为次干路与街坊路的连接线，能解决局部地区交通，以服务功能为主。

国家行业标准《城市道路设计规范》（CJJ37-90）从道路设计要求，将上述后三类常速道路又按城市规模、设计交通量等分为三个等级（表3-1）。

表 3-1 城市道路的等级细分

类型	级别	设计年限（年）	计算车速（千米/小时）	双向机动车车道数（条）	机动车车道宽度/米	分隔带设置	横断面采用形式
快速路		20	80, 60	4, 8	3.75～4	必须设	双、四
主干路	I	20	60, 50	4, 6	3.75	应设	双、三、四
	II		50, 40	≥4	3.75	应设	双、三
	III		40, 30	4	3.5～3.75	宜设	双、三
次干路	I	15	50, 40	4	3.75	应设	双、三
	II		40, 30	4	3.5～3.75	设	单、双
	III		30, 20	2-4	3.5	设	单、双
支路	I	10	40, 30	2-4	3.5～3.75	不设	单幅路
	II		30, 20	2	3.5	不设	单幅路
	III		20		3.5	不设	单幅路

注：(1) 除快速路外，各类道路依城市规模分为 I、II、III 级。大城市采用 I 级、中等城市采用 II 级、小城市采用 III 级。
(2) 在该设计年限内，车行道的宽度应满足交通增长的要求。
(3) 道路宽度均以米计。

（三）城市道路的等级结构

城市道路等级结构是指组成城市道路网络的城市快速路、主干路、次干路、支路的比例关系。由各类道路在路网中的作用及其所起到的功能分析，交通的合理流动应按支路、次干路、主干路快速路的顺序进行。城市道路网规划应遵循"低速让高速，次要让主要，生活性让交通性，适当分离"的道路衔接原则，形成等级层次清晰、分工明确的道路系统。路网的等级结构是否合理对道路功能和交通组织影响很大。合理的道路网等级结构应为"金字塔"形，即从快速路到支路比重逐渐增大。

五、城市道路系统的平面布局

（一）城市干道网的布局形式

道路网空间结构形式是为适应城市发展，满足城市用地和城市交通以及其他需要而形成的，不同的社会经济条件、自然地理条件和建设条件，会产生不同的结构形式。同一个城市的不同地区也可能有几种不同的形式，或不同形式的组合。通常，路网的基本型式大致可以分为：方格网式、带形、放射式、环形放射式、自由式等（图3-3）。

方格网也称为棋盘式道路，是最常见的一种网式路网形式。道路网各部分的可达性均等，有较强的秩序性和方向感，易于识别；路网可靠度较高，有利于城市用地划分和建筑布置。其缺点是方格网式路网对角线方向交通非直线系数较大，路网空间形式较单调。

带形路网是以一条或几条主要道路沿带状轴向延伸，并和一些相垂直的次级道路组成类似方格形的路网。这种路网形式可使城市沿交通轴向延伸并充分接近自然，对地形、水系等条件适应性较好，是带型城市的主要路网形式。

放射式路网通常以广场或标志性建筑为中心，道路呈放射状向周边延伸，利用轴线构图和道路的引导来加强广场和城市造型的表现力。该路网形式的缺陷在于放射线间形成扇形交通盲区，导致向心交通压力增加，且非直线系数大。这种路网形式随着城市发展到一定规模后，常常会增加环形道路联结各放射道路，而转化成环形放射式路网。

环形放射状路网多用于大城市，放射线有利于城市中心同外围市区以及区的联系，环形线既有利于城市外围地区的相互联系，也在放射线之间形成联络线，可起到调剂和均衡放射线交通负荷的作用。设置环形线是弥补放射性路网功能缺陷的必要手段。该路网形式的不足是容易引起城市沿环形干道开发建设，使城市呈同心圆式不断向外扩张。

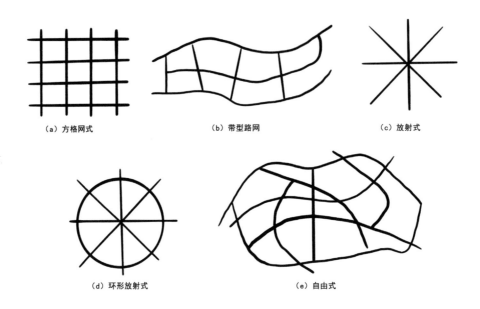

（a）方格网式　　（b）带型路网　　（c）放射式

（d）环形放射式　　（e）自由式

图 3-3 城市路网结构的五种基本形式

自由式路网多为因地形或其他条件限制而形成，没有一定的格式，非直线系数较大，识别性差，同时易形成畸形交叉，适合地形条件较复杂及其他限制条件较苛刻城市。如果综合考虑城市用地布局、建筑布置、交通组织和城市景观，也会产生良好的效果。

（二）道路宽度的确定

城市道路横断面规划宽度称为路幅宽度，即道路红线之间的宽度，由车行道、人行道、分隔带和绿地等部分组成，是规划的道路用地总宽度。

城市道路宽度的确定应根据城市的性质、规模和道路系统规划的要求，并综合考虑交通量（机动车、非机动车和行人）、日照、通风、管线敷设以及建筑布置等因素，同时要综合不同城市在各时期内城市交通和城市建设上的不同特点，远近结合，统筹安排，适当留有发展余地。

机动车道宽度取决于通行车辆的车身宽度和车辆行驶中横向的必要安全距离，即与车辆在行驶时摆动偏移的宽度，以及车身与相邻车道或人行道边缘必要的安全间隙、通车速度、路面质量、驾驶技术、交通秩序有关。一般城市主干路上，一条小型车车道宽度选用 3.5 米，大型车道或混合行驶车道选用 3.75 米，支路车道最窄不宜小于 3.0 米，公路边停靠车辆的车道宽度为 2.5 ~ 3.0 米。道路两个方向的车道数一般不宜超过 4 ~ 6 条，过多会引起行车紊乱、行人过路不便和驾驶人员操作不便。

（三）道路横断面的基本形式

城市道路横断面的基本形式有四种（图 3-4），一般应根据道路性质、等级，并

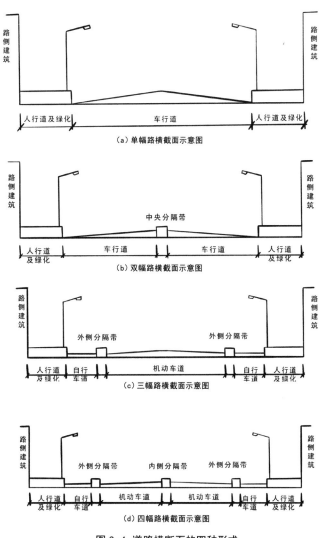

图 3-4 道路横断面的四种形式

考虑机动车、非机动车、行人的交通组织以及城市用地等具体条件，因地制宜确定。

一块板即单幅路。一块板道路车行道完全不设分隔带，用交通标线分隔对向车流，或者不画标线，机动车在中间行驶，非机动车靠右边行驶的道路。一块板道路，车辆混行，安全系数很小，严重影响车辆行驶速度与交通安全。一块板道路多用于"钟摆式"交通路段及生活性道路；适用于机动车交通量不大，非机动车较少的次干路、支路以及用地不足、拆迁困难的旧城市道路。一般行驶公交车辆的一块板次干路，其单向行车道的最小宽度应能停靠一辆公共汽车，通行一辆大型汽车，再考虑适当自行车道宽度即可。

两块板即双幅路。两块板是由中间一条分隔带将车行道分为单向行驶的两条车行道，机动车与非机动车仍为混合行驶。两块板道路适用于机动车辆多、单向两条机动车车道以上、夜间交通量多、车速要求高、非机动车类型较单纯且数量不多的联系远郊区间交通的入城干道。有平行道路可供非机动车通行的快速路和郊区道路以及横向高差大或地形特殊的路段，亦可采用双幅路。

三块板即三幅路。三块板道路是用两条分隔带分离上、下行机动车与非机动车车流，将车行道一分为三的道路。中间部分为机动车双向行驶车道，两侧为非机动车车道。分隔带可采用绿带、隔离墩、安全护栏等。三块板道路适用于道路较宽、机动车量大、车速要求高、非机动车多、道路红线宽度大于或等于 40 米的交通干道。

四块板即四幅路。四块板道路是用三条分隔带分隔对向车流、机动车与非机动车车流，将车行道一分为四的道路。四块板道路的单向机动车车道数至少为两条，中间两部分分别为对向行驶的机动车车道，两侧为非机动车车道。四块板道路，实现了机动车与非机动车的完全分离，有利于提高车速，保证交通安全。但四块板道路占地面积大，造价高，比较少见，主要用于高速道路和交通量大的郊区干道。四块板道路适用于机动车速度高、单向两条机动车车道以上、非机动车多的快速路与主干路。

道路横断面设计要考虑近远期结合的要求，为了适应城市交通运输不断发展的需要，道路横断面的设计既要满足近期建设要求，又要能为向远期发展提供过渡条件，近期不需要的路面不应铺设。新建道路要为远期扩建留有余地，备用地在近期可加以绿化。对路基、路面的设计应以远期仍能充分利用为原则。

六、旧城道路系统的改善

旧城道路系统是在一定的历史条件和当地具体情况下形成的，由于缺乏统一规划与有序建设，以致道路系统不完善。许多城市原来的道路迫切需要改善。由于用地布局的不合理带来不必要的穿越交通，因此应对吸引大量货流和人流的单位在用地上做适当的调整，减少一部分城市道路交通量。旧城道路系统的改善措施主要有：

对原有道路做必要的分工，重新分配车流和人流，尽可能减少各种车流之间以及车流与行人之间的干扰。

利用平行的路面宽度不足的街道，组织单向行车，提高行车的安全性和道路的通行能力。

为了疏散闹市地区和车流量大的街道，或者为了适应市区外围地区建设发展的需要，修建环形干道，开辟绕行干道，对减轻旧有道路的交通负担、改善城市道路系统很有成效。

封闭一些出入口或限制车流的转向。

仅仅依靠道路建设来改善城市交通，其作用是有限的。特别是在旧城区，我们既要保护旧城的风貌和肌理，又要改善旧城的可达性，以提高旧城居民的机动性，必须从交通运输系统的组织和交通需求管理方面结合道路改善和旧城的规划统一协调。

 讨论与分享

说一说，城市道路系统规划需要遵循怎样的既定规则？为什么？

第二节 搭建未来之城交通与道路系统

 问题引入

对于即将进行搭建的交通与道路系统，你有哪些新颖的想法和设计？

 小组活动

活动主题：

搭建未来之城交通与道路系统。

活动建议：

组长在开始活动之前做好本节课内容分工。

对依据设计图纸转化为搭建量进行合适的预估。

设计模块建议：

可以尽量在保证表面形态逼真的情况下将其中的细节展现清楚，如有必要可以配备文字说明（此文字说明可以作为之后论文整理的依据或内容）。

活动内容：

首先，对于已经设计好的图纸进一步完善。

其次，思考并协商，组内对于将图纸内容转化为实物搭建的方式或者过程达成一致。

再次，对于设计图纸中的各个需要实物搭建的部分，进一步对于实物形状、外观等进行设计和确定。

然后，去材料存放处挑选搭建未来之城交通与道路系统需要的材料，注意勤拿少取，避免材料浪费。

最后，对搭建未来之城交通与道路系统进行合力搭建（进一步明确建设的城市模型与真实城市的比例关系，进而确定每个建设模块的占地面积及大小。各建设模块的大小缩放比例等参数也需要明确下来，可以记录在文字稿件内，用于之后的论文整理参照）。

活动成果：

搭建未来之城交通与道路系统，将相关的文字说明整理成文字稿件。

活动时长：

建议 40 ～ 45 分钟；如果课上没有完成创作，则需要及时调整设计规划，也可以在课下有精力的情况下对其进行完善。

讨论与分享

在搭建的过程中遇到了哪些问题？是否解决？是如何解决的？

  文献链接

一、城市交通规划的组成

（一）城市交通结构

在城市客运和货运交通中，各种不同交通方式在其总量中所占的比例称为城市交通结构。各种交通方式的速度、运载能力和占用道路的时空不同，对环境的污染也不同。因此，交通规划的基本任务就在于寻求一种较合理的交通结构，在适应和满足各种出行活动需求的情况下，使这些交通方式所占用的道路时间和空间的总和最小，使有限的道路面积发挥最大的效能，使土地开发能取得最高的效益，对城市环境交通公害最小，同时，建设费用和运营费用又最省。

1. 城市客运交通方式与结构

小汽车交通、公共交通、非机动交通（以自行车、步行为主）是我国城市客运的主要交通方式。从总体上看，我国城市客运交通结构中个体机动车的使用比例上升很快，但非机动车交通出行依然保留较高的比重。在大城市或都市区内应该鼓励公共交通的发展，特别是大运量轨道交通的作用。而轨道交通与自行车的换乘又可以有效地扩大轨道交通的影响范围，所以在规划中我们必须注意多模式、集成化交通体系的建设。

2. 公交优先

我国城市的空间形态属于集中紧凑型，居民的居住、购物、生活活动都集中在市区，为发展城市公共交通提供了良好的客运条件。在客运繁忙的大城市，应实施"公交优先"的管理模式，充分发挥公共交通的主导作用。在国内外，一些城市采取了以下"公交优先"的措施：如在交叉口公交车优先放行、开辟公交车专用道、允许公交车在单向交通道路上逆向行驶、限制小汽车进入市中心区域、在沿市郊高速公路与城市公交线路的交会处修建免费停车场以方便小汽车与公交换乘等。为了最大限度地接近居民、方便乘车，应将快速公共客运线路引进城区内部，并使住宅区布点与公共客运路线相结合。

（二）城市交通规划的组成

城市交通规划是城市规划体系的重要组成部分，《城市道路交通规划设计规范》（GB 50220-95）规定：城市道路交通规划应包括城市交通发展战略规划和城市道路交通综合网络规划两个组成部分。随着城市交通的发展和规划实践，城市交通规划的组成和研究内容不断得到充实和完善，规划设计的内容已经不局限于城市道路交通。按照规划内容和作用，城市交通规划可划分为以下四种类型：

1. 城市交通发展战略规划

城市交通发展战略规划是引导城市交通发展的方向性规划及战略研究，重点是把握城市交通发展趋势、交通数量、交通结构的转化和控制交通需求的政策。规划内容包括：确定交通发展目标和水平；确定城市交通方式和交通结构；确定城市交通综合网络布局、城市对外交通和市内的客货运设施的选址和用地规模；提出实施城市交通规划过程中的重要技术和经济对策；提出有关交通发展政策和交通需求管理政策的建议。

2. 城市综合交通体系规划

城市综合交通体系规划是指导城市交通建设的综合性规划，主要规划内容包括：在分析论证未来交通需求的基础上，统筹安排城市各种交通网络和设施；确定城市公共交通系统、各种交通的衔接方式、大型公共换乘枢纽和公共交通场站设施的分布和用地范围；确定各级城市道路红线宽度、横断面形式，主要交叉口的形式和用地范围，以及广场、公共停车场、桥梁、渡口的位置和用地范围；平衡各种交通方式的运输能力和运量；对网络规划方案进行技术经济评估，提出分期建设与交通建设项目时序的建议。

3. 城市交通专项规划

城市交通专项规划主要是针对组成城市交通的各个子系统所编制的发展规划，以及配合城市重大交通工程建设编制的建设规划和交通组织方案，主要包括以下各类规划：城市公共交通专项规划；城市轨道交通线网规划；城市停车设施规划；城市交通管理规划；城市轨道交通建设规划；城市交通近期建设规划；交通组织设计城市建设。

4. 城市建设交通影响评价

交通影响评价是衡量城市用地开发与交通协调发展的重要手段和建设决策的重要依据，其目的是在建设项目实施前，分析评价建设项目建成投入使用后对周围交通环境产生影响的程度和范围，并制定相应的对策，使建设项目的交通设施配置与内外交通组织符合城市交通系统的规划和管理要求。

二、城市公共交通规划

城市公共交通也称公共运输，泛指所有收费提供客运交通服务的运输方式，也有极少数免费服务。公共交通系统由道路、交通工具、站点设施等物理要素构成，是重要的城市基础设施，是关系国计民生的社会公益事业。城市公共交通具有大运量、集约化经营、节省道路空间、污染少等特点。

（一）公共交通的分类

公共交通可以进一步细分为大众运输及共用交通。为公众提供快速运输服务的公共交通被称为"大容量快速交通系统"，我国台湾地区使用"大众运输系统"一词来指代，香港特别行政区使用"集体运输系统"一词，内地则使用"快速公交"一词。

城市公共交通实际上包含着丰富多样的交通方式，有公共汽车、无轨电车、有轨电车、快速公交、出租汽车、各种形式的轨道交通、缆车、索道以及轮渡、水上巴士等城市水上交通。城市公共交通服务质量的考核包括多项指标，如运营速度、准点率、方便程度和舒适度。

（二）城市公共交通的配置标准

城市公共交通规划应充分考虑城市的发展规模、用地布局和道路网规划。大城市应优先考虑发展公共交通，使其逐步取代远距离出行的自行车和私人小汽车等；小城市应完善市区到郊区的公共交通线路网。

城市公共汽车和电车的规划拥有量：大城市应按每 800～1 000 人一辆标准车，中、小城市应每 1 200～1 500 人一辆标准车的标准配置。

城市出租汽车规划拥有量：根据实际情况确定，大城市每千人不宜少于 2 辆；小城市每千人不宜少于 0.5 辆，中等城市可在其间取值。

规划城市人口超过 200 万人的城市，应控制预留设置快速轨道交通的用地。规划人口超过 50 万人的城市，应控制预留设置快速公共交通的用地。

（三）公交线网规划的原则和要求

公交线网规划应遵循如下基本原则："市区线，近郊线和远郊线应紧密衔接；各线的客运能力应与客运量相协调；线路的走向应与客流的主流向一致；主要客流的集散点应设置不同交通方式的换乘枢纽，方便乘客停车与换乘。"

1. 公共交通线路网密度

公共交通线路网密度是指每平方公里城市用地面积上有公共交通线路经过的道路中心线长度，单位为 km/km^2。规划的公共交通线路网密度在中心区应达到 3～4km/km^2，在城市边缘地区应达到 2～2.5km/km^2。

2. 乘客平均换乘系数

乘客平均换乘系数是衡量乘客直达程度的指标，其值为乘车出行人次与换乘人次之和除以乘车出行人次。大城市的乘客平均换乘系数不应大于 1.5，中、小城市的乘客平均换乘系数不应大于 1.3。

3. 公共交通线路非直线系数

公共交通线路非直线系数是指公共交通线路首末站之间实地距离与空间直线距离之比，环行线的非直线系数则按主要集散点之间的实地距离与空间直线距离之比。线网规划应保证该系数不大于 1.4。

4. 线路长度

市区公共汽车与电车主要线路的长度宜为 8～12 千米；快速轨道交通的线路长

度不宜大于 40 分钟的行程。

（四）公共交通车站点规划的基本要求

公共交通车站服务面积：公共交通车站的服务半径一般为 300～500 米。以 300 米半径计算，公共交通车站服务面积不得小于城市用地面积的 50%；以 500 米半径计算，公共交通车站服务面积不得小于城市用地面积的 90%。

在路段上，同向换乘距离不应大于 50 米，异向换乘距离不应大于 100 米；对置设站，应在车辆前进方向迎面错开 30 米。

在道路平面交叉口和立体交叉口上设置的车站，换乘距离不宜大于 150 米，并不得大于 200 米。

长途客运汽车站、火车站、客运码头主要出入口 50 米范围内应设公共交通车站。

公共交通车站应与快速轨道交通车站换乘。

（五）公共交通规划的相关概念

存车换乘：将自备车辆存放后，改乘公共交通工具到达目的地的交通方式。

出行时耗：居民从甲地到乙地在交通行为中所耗费的时间。

港湾式停靠站：在道路车行道外侧，采用局部拓宽路面的公共交通停靠站。

路抛制：出租汽车不设固定的营业站，而在道路上流动，招揽乘客，采取招手即停的服务方式。

三、城市轨道交通规划

（一）城市轨道交通的定义

城市轨道交通是城市公共交通系统的重要组成部分。城市中使用车辆在固定导轨上运行并主要用于城市客运的交通系统称为城市轨道交通。城市轨道交通是城市公共客运交通系统中具有中等以上运量的轮轨交通系统（有别于道路交通），主要为城市（有别于市际铁路、郊区及大都市圈范围）公共客运服务，是一种在城市公共客运交通中起骨干作用的现代化立体交通系统。其中快速轨道交通是指以电能为动力，在轨道上行驶的快速交通工具的总称。城市轨道交通通常可按每小时运送能力是否超过 3 万人次分为大运量快速轨道交通和中运量快速轨道交通。

国家标准《城市公共交通常用名词术语》中，将城市轨道交通定义为"通常以电

能为动力，采取轮轨运转方式的快速大运量公共交通之总称"。目前国际轨道交通有
地铁、轻轨、市郊铁路、有轨电车以及磁悬浮列车等多种类型。城市轨道交通和其
他公共交通相比，具有用地省、运能大的特点，轨道线路的输送能力可达到公路交
通输送能力的近十倍。城市轨道交通每一单位运输量的能源消耗量少，因而节约能源；
采用电力牵引，对环境的污染小。

（二）城市轨道交通的分类

城市轨道交通的分类见表 3-2。

表 3-2 城市轨道交通的分类

名称	英文名称	定义
地铁 地下铁道	METRO 或 UNDERGROUND RAILWAY 或 SUBWAY	是由电气牵引、轮轨导向、车辆编组运行在全封闭的地下隧道内，或根据城市的具体条件，运行在地面或高架线路上的大容量快速轨道交通系统
轻轨	LIGHT RAIL TRANSIT	是一种使用电力牵引，介于标准有轨电车和快运交通系统（包括地铁和城市铁路），用于城市旅客运输的轨道交通系统
单轨系统	MONORAIL	是指通过单一轨道梁支撑车厢并提供导引作用而运行的轨道交通系统，其最大特点是车体比承载轨道要宽。由于支撑方式的不同，单轨一般包括跨座式单轨和悬挂式单轨两种类型
城市铁路	URBAN RAILWAY	是由电气或者内燃牵引，轮轨导向，车辆编组运行在市区、市郊以及卫星城之间，以地面专用线路为主的大运量快速轨道交通系统
有轨电车	TRAM 或 STREETCAR	是使用电力牵引、轮轨导向、单辆或两辆编组运行在城市路面线路上的低运量轨道交通系统
磁悬浮列车系统	MAGLEV VEHICLE	一种运用"同性相斥、异性相吸"的电磁原理，依靠电磁力来使列车悬浮并行走的轨道运输方式，它是一种新型的没有车轮、采用无接触行进的轨道交通系统
线性电机车系统	LINEAR MOTOR CAR	是由线性电机牵引，轮轨导向，车辆编组运行在小断面隧道、地面和高架专用线路上的中运量轨道交通系统。该系统与地下铁道、城市铁路、轻轨等有明显的区别
新交通系统	AGT-AUTOMATED GUIDEWAY TRANSIT	从广义上来讲，新交通系统是那些与现有运输模式不同的各种短距离新交通方式的总称。狭义的新交通系统则定义为，由电气牵引，具有特殊导向、操纵和转折方式的胶轮车辆，单车或数辆编组运行在专用轨道梁上的中小运量轨道运输系统

（三）城市轨道交通的技术特征

轨道交通根据服务对象和范围的不同，可分为列车服务客运专线、地区铁路和地
铁及城市轨道交通三大类。其中，客运专线包括跨地区干线客运铁路网，属于长客
运专线的一部分，为中长距离旅客服务；地区铁路和地铁为都市群和地区内城镇居
民中短距离旅客服务，其特点是线路经过小城镇，如地区中心至县级市，县级市至另
一县级市，经济区域内中心城市至另一中心城市，县级市至经济繁荣人口较多的城镇；

城市轨道交通（市区地铁、郊区铁路、轻轨）为市郊居民、市区居民和外来行人服务。这三类轨道交通的技术特征有所不同（表3-3）。

表3-3　各类轨道交通的技术特征

	线路长度	平均站间距离	列车最高运行速度	供电制式
客运专线	一般线路长度大于200千米	30千米	200～300千米/小时	AC25 000伏特
地区铁路	一般线路长度大于50千米，小于300千米	5～10千米	120～160千米/小时 120～160千米/小时	AC25 000伏特
城市轨道交通	市区轨道交通线路长度一般超过30千米（城市环线除外）；近郊轨道交通的半径一般为25千米（站间距大于4千米，线路长度大于50千米的远郊铁路一般划入地区铁路的范畴）	郊区铁路为2～4千米；市区轨道交通（包括现代化有轨电车）为1～1.5千米；市区轻轨列车、有轨电车为0.6～1千米	郊区铁路列车最高运行速度一般≤120千米/小时；市区地铁为80千米/小时；市区轻轨列车最高运行速度一般低于或等于70千米/小时	郊区铁路为DC1 500伏特或AC25 000伏特；市区地铁为DC1 500伏特或DC750伏特；市区轻轨为DC750伏特或DC600伏特

（四）城市轨道交通线网的规划要求和基本方法

1. 规划基本要求

城市轨道交通线网布局的合理性，对城市轨道交通的效率、建设费用，对沿线建筑文物的保护、噪声防治、城市景观等，都会产生巨大影响。城市轨道交通线网的布局，除考虑地区的繁华程度、人口稠密程度外，还须考虑到轨道交通线网具有调整优化城市布局和用地功能的潜在优势，即所谓"廊道效应"。

轨道交通建设应重视网络化运营效益，必须做好线网总图规划、线网实施规划和有关专题研究。线网总图规划应重点研究线网的总体结构形态、覆盖范围、分布密度、总体规模、换乘节点、车辆基地及其联络线分布等，采用定性、定量分析，经客流预测和多方案评比，确定远景线网总图规划。线网实施规划应重点研究线网的近期建设规模、建设时序、运行组织、工程实施、换乘接驳以及建设用地控制规划，支持远景线网规划的可实施性。在线网规划完成后，应对线网资源的综合利用进行专题研究，包括车辆与车辆基地、控制中心、供电、通信、信号、自动售检票等系统的资源共享和综合规划研究，以及沿线建设用地、开发用地、交通枢纽及停车换乘等用地的控制性详细规划研究。

2. 线路总体布局

拟建线路应依据城市轨道交通线网规划进行选线布站。根据在线网中功能定位和客流预测分析，明确线路性质、运量等级和速度目标。

拟建线路应有全日客流效益、通勤客流规模、大型客流点的支撑。车站应服务于重要客流集散点，起讫点车站应与其他交通枢纽相配合，构筑城市交通一体化，并落实城市规划用地。

拟建线路的起点和终点不应设在市区内大客流断面位置，也不宜设在高峰断面流量小于全线高峰小时单向最大断面流量 1/4 的位置。

每条线路长度不宜大于 35 千米，旅行速度不应低于相关的规定。

对超长线路应以最长交路运行 1 小时为目标，旅行速度达到最高运行速度的45% ～ 50% 为宜。

对穿越城市中心的超长型线路，应分析全线不同地段客流断面和分区 OD 的特征；分析在线网中车站和换乘点分布，分析列车在各区间的满载率，合理确定线路起讫点、站间距和旅行速度目标。

3. 站点布局

车站应布设在主要客流集散点和各种交通枢纽点上，其位置应有利乘客集散，并应与其他交通换乘方便。

高架车站应控制造型和体量，中运量轨道交通的车站长度不宜超过 100 米。站厅落地的高架车站宜设置站前广场，有利于周边环境和交通衔接相协调。

车站间距应根据线路功能，沿线用地规划确定。在全封闭线路上，市中心区的车站间距不宜小于 1 千米，市区外围的车站间距宜为 2 千米。在超长线路上，应适当加大车站间距。

当线路经过铁路客运车站时，应设站换乘。有条件的地方，可预留联运条件（跨座式单轨系统除外）。

四、非机动交通规划

非机动交通通常指的是步行或自行车等以人力为空间移动动力的交通方式。我国2004 年 5 月 1 日起实施的《中华人民共和国道路交通安全法》在附则一章中规定:"'非机动车'，是指以人力或者畜力驱动，上道路行驶的交通工具，以及虽有动力装置驱动但设计最高时速、空车质量、外形尺寸符合有关国家标准的残疾人机动轮椅车、电动自行车等交通工具。"其明确将电动自行车以及一部分助动车划入非机动车的范畴。因此,广义的非机动交通是指以步行及自行车为主体、以低速环保型助动车(最高车速不大于 20 千米 / 小时,噪声较低,制动良好)为过渡性补充的交通系统。

（一）自行车交通

自行车是一种具有许多优点的交通工具,其最佳出行距离为 3～4 千米,其环保和便捷等特点是其他交通工具无法代替的,在今后相当长的时期内,自行车交通仍将是城市客运的重要交通方式之一。随着机动车交通日益增长,为了确保自行车交通安全与提高城市交通的效率,大、中城市干路网规划中要充分考虑自行车的使用要求,使自行车与机动车分道行驶。

1. 自行车道路的分类

自行车道路由自行车专用路、城市干路两侧的自行车道、城市支路和居住区内的道路组成,构成能保证自行车连续行驶的网路。其中,自行车专用路不容许非机动车以外的车辆使用,城市干路两侧的自行车道,在非自行车高峰时允许少量机动车限速使用。城市支路和居住区内部的道路为自行车和机动车共用的道路。

2. 自行车交通规划的基本要求

自行车道路规划要以自行车交通量分析论证为基础。

应以城市结构、功能分区性质、区片联系紧密程度、地形特征等要素作为自行车道路网规划的主要依据,对人口集中、出行率高的地段,如商业中心、学校、公园等自行车利用率高的地方,宜规划布置自行车专用路,形成与机动车交通相隔离的自行车交通通道。

从自行车交通本身的要求和交通管理的要求出发,自行车使用应有良好的交通环境和交通的连续性,尽可能规划设置相对独立的自行车系统,并保证自行车在城市各个部分的可达性。

自行车道路规划要与其他交通方式的规划结合进行,综合利用空间和设施,形成有机整体,方便自行车与其他交通方式的转换。

充分利用现有道路或街巷进行修整或拓宽,对自行车道与机动车道的交叉点进行优化设计,使之符合自行车安全通行的要求。自行车道路应设置安全、照明、遮荫等设施。

3. 自行车交通的技术要求

设计车速：在自行车交通分析中，自行车的设计车速宜按 11 ～ 14 千米 / 小时计算，交通拥挤地区或路况较差的地区，其行程车速宜取低限值。自行车专用路应按设计速度 20 千米 / 小时的要求进行线型设计。

车道宽度：一条自行车道的宽度为 1.5 米，每增加一条车道宽度增加 1.0 米，即两条自行车带宽度为 2.5 米，三条自行车带的宽度为 3.5 米。自行车道路双向行驶的最小宽度宜为 3.5 米，混有其他非机动车时，单向行驶的最小宽度应为 4.5 米。

规划通行能力：路段每条车道的规划通行能力按 1 500 辆 / 小时计算，平面交叉口每条车道的规划通行能力按 1 000 辆 / 小时计算；自行车专用路每条车道的规划通行能力按上述规定的 1.1 ～ 1.2 倍计算；自行车道内混有人力三轮车、板车等时，应折算为自行车交通量，当折算交通量与总交通量之比大于 30% 时，每条车道的规划通行能力应乘以 0.4 ～ 0.7 的折减系数。

分流要求：自行车单向流量超过 10 000 辆 / 小时的路段，应设平行道路分流。当交叉口自行车流量超过 5 000 辆 / 小时的时候，应在道路网规划中采取自行车的分流措施。

（二）步行交通

居民在城市中活动时离不开步行。根据城市居民出行特征调查，以步行作为出行方式的比重约占 30% 以上。因此，对这些步行者应予以关注，规划完善的步行系统，使步行者出行时不与车辆交通混在一起，确保交通安全。对盲人和残疾人还应该考虑无障碍交通的特殊需要。我国许多城市正逐步进入老龄社会，步行系统的改善对老年人的日常活动和身体健康非常重要。

城市步行道路系统应该是连续的，并具有良好的步行环境。它是由人行道、人行横道、人行天桥和地道、步行林荫道和步行街等组成的完整系统，保证行人可以不受车辆的干扰，安全地、自由自在地步行。

1. 步行街

步行街是步行交通方式中的主要形式，其类型有以下几种：

（1）完全步行街

完全步行街又称封闭式步行街。封闭一条旧城内原有的交通道路或在新城中规划设计一段新的街道，禁止车辆通行，专供行人步行，设置新的路面铺筑，并布置各种设施，如树木、座椅、雕塑小品等，以改善环境，使人们乐意前往。

（2）公共交通步行街

公共交通步行街是完全步行街所做的改进，允许公共交通（汽车、电车或出租车）进入，以保持全城公共汽车网络系统的完整。它除了布置改善环境的设施外，还增加具有美观设计的停车站。这类步行街仍有车行道、人行道的高差之分，通常会将人行道拓宽，车行道改窄，国外甚至有将车行道建成弯曲形，以降低车速的。

（3）局部步行街

局部步行街又称半封闭式步行街。其将部分路面划出作为专用步行街，仍允许客运车辆运行，但对交通量、停车数量以及停车时间加以限制，或每日定时封闭车辆交通，或节假日暂时封闭车辆交通。

（4）地下步行街

地下步行街是 20 世纪 20 年代兴起的，即在街道狭窄、人口稠密、用地紧张的市中心地区开辟地下步行街。日本大阪是修建地下步行街非常多的城市之一，我国的地下步行街已逐渐被人们接受，特别是与大型公共交通枢纽结合的地下步行街，大多比较成功。

（5）高架步行街

高架步行街是沿商业大楼的二层人行道，与人行天桥连成一体，成为全天候的空中走廊形式，雨、雪、寒、暑均可通行。

步行街规划设置要注重营造文化氛围。步行街要与城市的商业、文化传统紧密结合，要充分利用原有街区的风貌特色，增强步行街的文化内涵。过宽的道路将丧失步行街的商业氛围。路幅形式和宽度要与临街建筑的形式、高度相协调，步行街的路幅总宽度一般以 25 ～ 35 米为宜。步行街的横断面布置应满足步行交通方便、舒适，并有良好的绿化和休息场地，其间可配置小型广场。步行街绿化用地宽度占路幅总宽度的比例一般为 30% 左右。步行街距主、次干道的距离不宜超过 200 米，人流出入口距公交车站不宜超过 100 米,步行街附近应有相应规模的机动车与自行车停车场，距人流出入口一般应在 100 米之内，并不得大于 200 米。步行街的车行道宽度以能适应救护车、邮政车、消防车、早晚为商业服务的货车以及垃圾车辆出入为据，一般为 7～8 米。

2. 人行天桥和地道

人行天桥和地道是步行交通系统重要的连接点，它们保证了步行交通系统的安全性与连续性。

人行天桥与地道布局应结合城市道路网规划，并考虑由此引起附近范围内人行交通所发生的变化，且对此种变化后的步行交通进行全面规划设计。天桥或地道的选择应根据城市道路规划，结合地上地下管线、市政公用设施现状、周围环境、工程投资以及建成后的维护条件等因素作方案比较。天桥与地道在路口的布局应从路口总体交通和建筑艺术等角度统一考虑，天桥与地道的设置应与公共交通站点结合，还应有相应的交通管理措施。天桥与地道的布局既要利于提高行人过街安全度，又要利于提高机动车道的通行能力。地面梯口不应占用人行步道的空间，人行步道至少应保留 1.5 米的宽度。天桥与地道可与商场、文体场（馆）、地铁车站等大型人流集散点直接连通以发挥疏导人流的功能。

天桥桥面净宽不宜小于 3 米，地道通道净宽不宜小于 3.75 米。天桥与地道每端梯道或坡道的净宽之和应大于桥面或地道净宽 1.2 倍以上。梯道、坡道的最小净宽为 1.8 米。考虑兼顾自行车推车通行时，一条推车带宽按 1 米计，天桥或地道净宽按自行车流量计算增加通道净宽，梯道、坡道的最小净宽为 2 米。考虑推自行车的梯道，应采用梯道带坡道的布置方式，一条坡道宽度不宜小于 0.4 米，坡道位置是方便推车流向设置。

天桥桥下为机动车道时，其最小净高为 4.5 米，行驶电车时，最小净高为 5.0 米。天桥桥下为非机动车道时，最小净高为 3.5 米，如有从道路两侧的建筑物内驶出的普通汽车需经桥下非机动车道通行时，其最小净高 4.0 米。天桥、梯道或坡道下为人行道时，一般净高为 2.5 米，最小净高为 2.3 米。

地道通道的最小净高为 2.5 米，地道梯道踏步中间位置的最小垂直净高为 2.4 米，坡道的最小垂直净高为 2.5 米，极限为 2.2 米。梯道坡度不得大于 1:2，手推自行车及童车的坡道坡度不宜大于 1:4，残疾人坡道的设置应以手摇三轮车为主要出行工具，并考虑坐轮椅者、用拐杖者、视力残疾者的使用和通行，坡道不宜大于1:12，有特殊困难时不应大于1:10。

五、城市货运交通规划

（一）城市货运方式

城市货运方式有公路、铁路、水运、航空和管道运输等。在组织货运时，应根据各种运输方式的特点和适用条件，以经济、便捷、灵活、安全为原则，充分发挥各种运输方式的优势，选择有效的联合运输方式，使货物在运输过程中尽可能实现直达运输，减少因中途多次转驳而造成的货损与时滞。公路运输的优点是"门到门"，组织灵活，中途转驳少，时效高。在200千米以内的运输成本，相比其他运输方式有一定的优势，但远程运输的经济性就不如铁路和水运。

（二）城市货运交通组织的层次

城市货运交通可以分以下三个层次进行组织：

1. 过境货运交通

城市往往是一个区域的货物中转中心。过境的货运交通与城市内部的生产、生活关系小。因此，城市生产水平越高，过境交通量越少；反之，城市生产水平越低，过境交通量越大；中小城市的过境交通量常常超过市内交通量。为此，过境货运交通应尽可能布置在城市外围，避免对市区造成不必要的交通干扰。

2. 出入市货运交通

出入市货运交通与城市对外辐射的活力有密切关系，一是中心城市与市辖范围内各县城之间的联系，二是市际间乃至国际间的联系。各种等级的城市在其经济区域内都有承上启下的功能。中心城市的职能越强，出入市货运交通量就越大。

3. 市内货运交通

市内货运交通是和城市内部的自身生产、生活和基本建设有关的货物运输。基建材料、燃料以及钢铁等原材料的存储因其占地面积大，有些还有污染，因而应当安排存放在郊区，平均运距较大，一般为5～8千米。而市民日常生活用品以及设在市区内工厂的原料及产品，一般就近分散存放在市区边缘的仓储用地内，平均运距不大，中小城市为2～3千米，大城市约为4～5千米。

（三）货运道路和货运车场

城市货运道路是城市干道系统的重要组成部分，是城市货物运输的重要通道。它应满足城市内大型工业设备、产品和救灾物资、设备的运输要求，在道路标准、桥梁荷载等级、净空界限等方面均应予以特殊考虑。

城市货运的车辆日趋大型化，其尾气、噪声和振动对环境的影响较大，妥善规划货运道路可使其不良影响降低到最小，也可防止过境的运输车辆在市内乱穿。

在城市主要货流集散点之间规划货运道路，可使货运距离缩短，减少货运周转量，有利于提高运输效率，改善城市环境和房地产的开发效益。货运车辆场站是货运车辆停放、维修、保养和人员管理的基层单位。

货运车场一般按所运货物种类的专业要求分类管理。如建材、燃料、石油、化工原料及制品、钢铁、粮食、农副产品和百货等货物的运输，均有不同的车种与车型要求，应分别分散布置在全市各地，站场布局应与主要货源点、货物集散点结合，以便就近配车，方便用户，减少空驶。但对于大型货场以及高级保养场，由于货车数量大、设备复杂、投资大，应适当集中，设在城市边缘区，减少对城市的干扰和污染。为此，货运车辆的场站设施，宜采取大、中、小相结合及分散布置的原则。

（四）货物流通中心

货物流通中心是组织、转运、调节和管理物资流通的场所，是集货物储存、运输、商贸为一体的重要集散点，是为了加速物资流通而发展起来的新兴运输产业。按其功能和作用，货物流通中心可分为集货、分货、配送转运、储调、加工等组成部分；按其服务范围和性质，又可分为地区性货物流通中心、生产性货物流通中心、生活性货物流通中心三种类型。

1. 地区性货物流通中心

地区性货物流通中心是服务于地区的区域性的综合物流中心，也是城市外向联系的重要环节，其规模较大、运输方式多样，应设置在城市边缘地区的货运干路附近。其数量视城市规模和经济发展水平而定，大城市一般应至少设两处，便于对外联系，同时避免穿越市区，减轻城市交通压力。地区性货物流通中心的规模应根据货物流量、货物特征和用地条件来确定。

2. 生产性货物流通中心

生产性货物流通中心主要服务于城市的工业生产，是原材料与中间产品的储存、流通中心，是生产性物资与产品的运输、集散、贮存、配送等功能有机地结合起来的货物流通综合服务设施。它对于节约用地、加速货物流通、提高运输效率、改善城市交通等具有重要的价值。由于生产性货物流通中心的货物种类与城市的产业结构、产品结构、城市工业布局有着密切的联系，因此，一般均有明确的服务范围，规划选址应尽可能与工业区结合，服务半径不宜过大，一般采用 3～4 千米，用地规模应根据需要处理的货物数量计算确定，新开发区可按每处 6～10 万估算。

3. 生活性货物流通中心

生活性货物流通中心主要为城市居民生活服务，是居民生活物资的配送中心。生活性货物流通中心一般是以行政区来划分服务范围的。生活性货物流通中心所需要处理的货物种类与城市居民消费水平、生活方式密切相关，处理的货物数量与人口密度及服务的居民数量有关，服务范围和用地规模均不宜太大。大中城市的规划选址宜采用分散方式，小城市可适当集中。每处用地面积不宜大于 5 万平方米，服务半径以 2～3 千米为宜，人口密度大的地区可适当减小服务半径。

生活性货物流通中心的规模与分布应结合城市土地开发利用规划、人口分布和城市布局等因素综合分析、比选确定。生活性货物流通中心的规划应贯彻节约用地、争取利用空间的原则。地区性、生产性、生活性及居民零星货物运输服务站的用地面积总和，不宜大于城市规划总用地面积的 2%，此面积不包括工厂与企业内部仓储面积。城市货物流通中心的用地面积计入城市交通设施用地内。

 讨 论 与 分 享

　　说一说，城市公共交通规划中需要考虑的因素有哪些？中小城市与大城市在规划公共交通时有哪些相同点和不同点？
　　非机动车轨道规划过程需要考虑的因素有哪些？哪些因素你会应用在未来之城设计上？为什么？

六、停车场规划

停车场也称静态交通，是城市道路交通不可分割的组成部分。城市停车场可分成配建停车场、公共停车场、路内停车场三类。一般城市较少设置公共停车场，车辆随意停在路边不仅占据街道空间，有碍市容，也严重影响街道的通行能力、行车速度和行车安全。因此，在进行城市规划时，应布置街道范围之外专用的公共停车场。

随着城市交通量的日益增长，停车问题已经非常迫切。停车控制是城市交通政策的一个重要手段，一般都采取按地区、时段级差收费的办法，来控制城市中心区小汽车的过度使用。城市中心区的停车场规模不宜过大，可避免车辆进出停车场造成交通拥挤。

（一）停车场的设置规模

当考虑停车场建设水平目标时，应考虑影响停车需要的多种因素。包括城市规模、中心商业区吸引力的强弱、城市的土地利用、汽车保有状况、城市公共交通的服务水平、城市停车控制方法等。

城市规划中对停车场用地（包括绿化、出入口通道以及某些附属管理设施的用地）进行估算时，每辆车的用地可采取如下指标：小汽车为 30 ～ 50 平方米，大型车辆为 70 ～ 100 平方米，自行车为 1.5 ～ 1.8 平方米。对小型停车场，在小城镇和城市中心用地紧张地区宜取低值。

我国城市道路交通规划设计规范规定，城市公共停车场的用地总面积按规划城市人口每人 0.8 ～ 1.0 平方米进行计算，其中机动车停车场的用地为 80% ～ 90%，自行车停车场的用地为 10% ～ 20%。市区宜建停车楼或地下停车库。

（二）停车场的布局

1. 城市外来机动车公共停车场和市内机动车公共停车场

停车场的分布应根据不同类型车辆的要求分别考虑。城市外来机动车公共停车场主要为过境的和到城市来装运货物的机动车停车而设，由于这些车辆所装载的货物品种较杂，其中有些是有毒、有气味、易燃、易污染的货物以及活牲畜等，为了城市安全防护和卫生环境，不宜入城。装完待发的货车也不宜在市区停放过夜，应停在城市外围靠近城市对外道路的出入口附近。其车位数约占城市全部停车位的 5% ～ 10%。

市内机动车公共停车场主要为本市的和外来的客运车辆在市中心区和分区中心地区办事停车服务,所以设置了大量停车泊位,所停车辆以客车为主。在市中心区和分区中心地区的停车位数应占全部停车位的 50% ～ 70%。

不同地块的停车需求量和停车高峰时段是不同的,视土地和建筑物的使用性质而定,可以将几处不同高峰时段的停车需求组合在一起,提高停车位的利用率。市内自行车公共停车场主要为本市自行车服务,停车场宜多,可分散到各种公共设施建筑、对外交通站场、公共交通和轮渡站、邮电设施和公共绿地的附近,各停车场的规模视建筑的性质而定。

2. 停车场的位置选择

汽车停车场一般安排在主要交通汇集处。对已形成的城市繁华地区,因空余场地较少,宜作分散性多点设置,也就是采用小型的路侧和路外停车场相结合的方式。对一般地区和城市边远地区,则在主要交通汇集处和城市外围地区易于换乘公共交通的地段设置路外专用停车场。大型停车场宜设置在城市外环干道上,面向各对外公路,以减少车辆进入市内。大型公共交通站场的布点,原则上要分散,要与客运负荷相协调。一般中小型停车场和自行车停车场宜分散布置,特别是在城市的轨道交通站点地区要充分考虑自行车的停放,并配备相应的服务设施。发达国家一般都鼓励使用自行车,并提供尽可能完善的服务设施。

在大量人流汇集的文化生活设施附近(如公园、体育场、影剧院、商业广场和重要商业街道进出口处等)设置的停车场,特点是车辆多,与自行车的停放干扰大,因而组织停车和出入较为复杂。这类公共停车场有两种情况:一种情况是在人流大量集散的文化生活设施群体地段,配置路外综合性公共停车场。除大型设施布置汽车停车坪外,还须在附近地段配置综合性公共交通站场,以利于人流的迅速疏散。另一种情况是在大型文化生活设施前布置停车场,如大型多功能体育设施,占地面积大,使用率低,其交通特点是交通量大、集中,又有单向不均衡性。它的停车场必须能容纳大量的多类型的车辆,可以停放大客车、小汽车和大量自行车。各类车辆的出入口须与周围街道相连接,互不干扰。合理组织几条客运能力较大的公共交通疏散线,在高峰人流时实施多方向疏散,同时规划附近的街道网与其环通,使之具有较大的集散能力。

3. 停车场的服务半径

公共停车场要与公共建筑布置相配合，要与火车站、长途汽车站、港口码头、机场等城市对外交通设施接驳，从停车地点到目的地的步行距离要短，所以，公共停车场的服务半径不能太大。用户至公共停车场的可达性好，吸引来此停放的车辆就多，反之，吸引停车量就少，不能很好地发挥作用。根据调查和观测，建议停车场的服务半径为：机动车公共停车场的服务半径，在市中心地区不应大于 200 米；一般地区不应大于 300 米；自行车公共停车场的服务半径宜为 50 ～ 100 米，并不得大于 200 米。

（三）机动车停车设施规划

1. 规划原则

按照城市规划确定的规模、用地、与城市道路连接方式等要求及停车设施的性质进行总体布置。

停车设施出入口不得设在交叉口、人行横道、公共交通停靠站及桥隧引道处，一般宜设置在次要干道上，如需要在主要干道设置出入口，则应远离干道交叉口，并用专用通道与主干道相连。

停车设施的交通流线组织应尽可能遵循"单向右行"的原则，避免车流相互交叉，并应配备醒目的指路标志。

停车设施设计必须综合考虑路面结构、绿化、照明、排水及必要的附属设施的设计。

停车场的竖向设计应与排水设计结合，最小坡度与广场要求相同，与通道平行方向的最大纵坡度为 1%，与通道垂直方向为 3%。

机动车停车场的出入口应有良好的视野。出入口距离人行过街天桥、地道和桥梁、隧道引道须大于 50 米；距离交叉路口须大于 80 米。机动车停车场车位指标大于 50 个时，出入口不得少于 2 个；大于 500 个时，出入口不得少于 3 个。出入口之间的净距须大于 10 米，出入口宽度不得小于 7 米。

2. 路边停车带

路边停车带一般设在行车道旁或路边。所停车辆多系短时停车，随到随开，没有一定的规律。在城市繁华地区，道路用地比较紧张，路边停车带多供不应求，所以多采用计时收费的措施来加速停车周转，路边停车带占地为 16 ～ 20 平方米 / 停车位。

3. 路外停车场

路外停车场包括道路以外专设的露天停车场和坡道式、机械提升式的多层、地下停车库。停车设施的停车面积规划指标是按当量小汽车进行估算的。露天停车场占地为 25 ～ 30 平方米 / 停车位，室内停车库占地为 30 ～ 35 平方米 / 停车位。停车库具体包括直坡道式停车库、螺旋坡道式停车库、错层式（半坡道式）停车库和斜楼板式停车库四种类型。

（四）自行车停车设施设计

1. 规划设计原则

在公共建筑附近就近布置，以便于停放。

在城市中应分散多处设置，方便停放。

停车场出入口宽度，一般至少应 2.5 ～ 3.5 米。

停车场内交通路线应明确，行车方向要一致，线路尽量不交叉。

固定停车场应有车棚，内设车架，便于存放和管理。

场内尽可能加以铺装，以利排水。

2. 规划的技术要求

自行车公共停车场的服务半径宜为 50 ～ 100 米，并不得大于 200 米。自行车的停放方式有垂直式、斜放式两种。每辆车占地 1.4 ～ 1.8 平方米。自行车公共停车场宜分成 15 ～ 20 平方米长的段，每段设一个出入口，宽度不得小于 3.0 米；500 个车位以上的停车场出入口不得少于 2 个。

自行车停车场的规模应根据所服务的公共建筑性质、平均高峰时吸引车次总量、平均停放时间、每日场地有效周转次数以及停车不均衡系数等确定，场地铺装应平整、坚实、防滑。坡度宜小于或等于 4.0%，最小坡度为 0.3%。停车区宜有车棚存车支架等设施。

（五）公共交通首末站设计

公共交通首末站除应满足车辆停放及掉头所需场地外，还应考虑工作人员工作与休息设施所需面积。专用回车场应设在客流集散的主流方向同侧，共出入口不得直接与快速路、主干路相连。回车场的最小宽度应满足公共交通车辆最小转弯半径需要，公共汽车为 25～30 米，无轨电车为 30～40 米。

七、交通枢纽

（一）城市交通枢纽的概念

交通枢纽是在两条或者两条以上运输线路的交会、衔接处形成的，是具有运输组织、中转、装卸、仓储、信息服务及其他服务功能的综合性设，一般由车站、港口、机场和各类运输线路、库场以及运输工具的装卸、到发、中转、联运、编解、维修、保养、安全、导航和物资供应等项设施组成。服务于一种交通方式的枢纽称为单式交通枢纽，服务于两种或两种以上交通方式的枢纽叫做综合交通枢纽。

（二）交通枢纽的分类

城市交通枢纽可以分为城市客运交通枢纽和货运交通枢纽两大类。

1. 按交通功能划分

城市对外交通枢纽功能是将城市公共交通与铁路、水路、航空、长途汽车交通连接起来，使乘客用尽可能短的时间完成一次出行。

市内交通枢纽的功能是沟通市内各功能分区之间的交通联系。特定设施服务的枢纽的功能是为体育场、全市性公园等大型公共活动场所的观众、游人的集散服务。

2. 按交通方式划分

交通方式间的换乘枢纽指公共电车、汽车交通与地铁、轻轨、港口、渡口、铁路、航空等交通衔接的枢纽。这类枢纽主要完成交通方式转换，同时也可实行线路转换。

相同客运交通方式的转换枢纽指公共电车、汽车不同线路的转换与长途汽车的转换枢纽。

3. 按交通组织划分

公共交通首末站换乘枢纽有多条公交线路的起点、终点，有相应的停车场地和调度设施。

公共交通中途站换乘枢纽是多条公共交通的通过站。

4. 按布置形式划分

立体式枢纽：枢纽站分地下、地面、地上多层，设有商业、问询等综合服务。

平面枢纽：枢纽站设置在地面层，视客流多少确定枢纽规模。

5. 服务区域划分

市级枢纽：为全市服务，客流集散量大，公交线路多，设备齐全。

区级枢纽：连接各区交通中心、卫星城市的公交线路的起终点枢纽。

地区性枢纽：设在地区客流集散点处的枢纽，服务范围小，设备简单。

（三）交通枢纽的特点

交通枢纽是多种运输方式的交汇点，是大宗客货流中转、换乘、换装与集散的场所，是各种运输方式衔接和联运的主要基地。

交通枢纽是同一种运输方式多条干线相互衔接，进行客货中转及对营运车辆、船舶、飞机等进行技术作业和调节的重要基地。

从旅客到达枢纽到离开枢纽的一段时间内，交通枢纽为他们提供舒适的候车、船、机环境，包括餐饮、住宿、娱乐服务，提供货物堆放、存储场所，包括包装、处理等服务办理运输手续，货物称重，路线选择，路单填写和收费旅客购票，检票运输工具的停放、技术维修和调度。

交通枢纽大多依托于一个城市，对城市的形成和发展有着很大的作用，是城市实现内外联系的桥梁和纽带。

（四）客运交通枢纽的布置

现代客运交通必须把步行、自行车、汽车、铁路、飞机轮船等交通工具通过交通转换点设施组织成为综合交通系统。通过广场、停车场、公交总站等各种形式，达到快速、安全、便捷、舒适地达到客运换乘的目的。在城市总体布局时不要将主要吸引人流的公共建筑过分地集中，以免造成交通组织和管理上的困难。

随着城市交通的发展，平面的道路体系往往无法满足需要，这时候就可以考虑建设由行驶在不同空间层次的各种交通工具所组成的立体交通体系，立体交通体系以地面为主，空中和地下为补充。

城市地下公共交通的发展，对换乘车辆枢纽点布局也提出了新的要求。不少城市采取了塔式和综合式的联合车站，有的地下车站不仅可以换乘好几种交通工具，而且还分层设置商店、仓库、停车场等设施，这样，旅客转乘、购物都很方便。

讨论与分享

　　交通设施在设计和规划的过程中，需要考虑的因素有哪些？最为主要的因素是什么？

　　结合现实中的某个车站，结合所学知识，说一说它的具体规划。

　　我们学习的这些交通设施规划的方法，在未来之城的交通设施规划中需要应用到哪些？

第三节 评估与总结

◎ 评估测试题

1.说一说，城市交通设施包含哪些？书中是如何进行规划的？

_____

_____

_____

2.书中提到的规划参照，有多少信息应用在了你设计的未来之城上？没有作参照的信息是什么原因被舍弃的？

_____

_____

_____

3.说一说，你在这章中学习到了哪些知识？

_____

_____

_____

 本 章 总 结

本章我们学习了城市交通系统与城市发展、城市道路系统规划、城市综合交通规划、城市交通设施规划，设计了未来城市的交通及道路系统。

以下几个重点，一起来回顾一下吧！

◆ 城市是人类生产生活活动的聚集区，因此城市地区也成为各类中短距离交通最集中的区域，也是各类长途交通运输最主要的起止点。

◆ 交通规划的基本任务就在于寻求一种较合理的交通结构，在适应和满足各种出行活动需求的情况下，使这些交通方式所占用的道路时间和空间的总和最小，使有限的道路面积发挥最大的效能，使土地开发能取得最高的效益，对城市环境交通公害最小。

第四章
城市规划中的工程规划

　　城市规划需要综合解决许多工程问题，如给水工程、排水工程、电力系统工程、电信系统工程、燃气供应工程、供热系统工程、城市防灾工程等。本书只选择与制定城市规划时关系较密切的部分加以简要叙述。同学们作为未来之城的小工程师，可以以此为基础对其进行合理规划。

第一节 未来之城工程规划设计

 问题引入

说一说，你的生活中的用水是如何供应的？生活废水又是如何处理的呢？如果要顺利地完成这两个动作，你认为需要哪些设备保障和人员参与？

你在日常生活中，能接触到的、消耗最多的能源是什么？消耗的能源给你的生活带来了哪些便利？

你生活的城市中，每个人都在消耗着相关的能源，这在城市规划中是怎样实现的？

 小组活动

活动主题：

设计未来之城的工程规划。

活动建议：

根据学习的相关专业知识，对未来之城的工程规划进行设计，并将其设计在未来之城总体布局基础之上，设计并确定未来之城的工程规划的设计图。

尽量包含书中涉及的模块。

（建议参照，但不限于此。）

活动内容：

在组长的带领下，组内成员进行合理分工，将未来之城的工程规划的设计分为合理的模块，组内成员协作完成工程规划的设计并落实在设计图上。

当需要更多相关资料做支撑时，成员可以在课下有精力的情况下查阅相关资料。

活动成果：

设计未来之城的工程规划设计图。

活动时长：

建议 35 ～ 45 分钟。

 讨论与分享

在设计未来之城的工程规划的过程中，有哪些想法是可以实现的？哪些想法实现不了？为什么？

文献链接

一、城市给水、排水规划

（一）城市给水规划

1. 城市给水规划的内容

根据城市和区域水资源的状况，最大限度地保护和合理利用水资源，合理选择水源，确保城市水源规划和水资源利用平衡；确定城市自来水厂等给水设施的规模、容量；科学布局给水设施和各级给水管网系统，满足用户对水质、水量、水压等要求，制定水源和水资源的保护措施。具体内容如下：

（1）城市用水量预测

首先进行城市用水现状与水资源研究，结合城市发展总目标，研究确定城市用水标准。在此基础上，根据城市发展总目标和城市规模，进行城市近远期规划用水量预测。

（2）城市给水水源规划

在进行城市现状水源与给水网络研究的基础上，依据城市给水系统规划目标、区域给水系统与水资源调配规划，以及城市规划总体布局，进行城市取水工程、自来水厂等设施的布局，确定其数量、规模、技术标准，制订城市水资源保护措施。

（3）城市给水网络与输配设施规划

在研究城市现状给水网络的基础上，根据城市给水水源规划、城市规划总体布局，进行城市给水网络和泵站、高位水池、水塔、调节水池等输配设施规划与布局；并及时反馈城市规划部门，落实各种设施用地布局。城市给水网络与输配设施规划将作为各分区给水管网规划的依据。

2. 用水量预测

城市用水量预测有以下几种方法：

（1）城市用水分类

通常在进行用水量预测时，根据用水目的不同，以及用水对象对水质、水量和水压的不同要求，将城市用水分为四类：生活用水、生产用水、市政用水和消防用水。

（2）城市用水量标准

居民生活用水一般包括居民的饮用、烹饪、洗刷、沐浴、冲洗厕所等用水。居民生活用水标准与当地的气候条件、城市性质、社会经济发展水平、给水设施条件、水资源量、居住习惯等都有较大关系。居民生活用水单位通常按升／（人·日）计。

公共建筑用水包括娱乐场所、宾馆、集体宿舍、浴室、商业、学校、办公等用水。

工业企业生产用水量，根据生产工艺过程的要求确定，可采用单位产品用水量、单位设备日用水量、万元产值取水量、单位建筑面积工业用水量作为工业用水标准。

市政用水量包括用于街道保洁、绿化浇水和汽车冲洗等市政用水，其由路面种类、绿化面积、气候和土壤条件、汽车类型、路面卫生情况等确定。

消防用水量按同时发生的火灾次数和一次灭火的用水量确定。其用水量与城市规模、人口数量、建筑物耐火等级、火灾危险性类别、建筑物体积、风向频率和强度有关。

未预见用水根据《室外给水设计规范》（GB 50013-2006）规定，城镇未预见用水及管网漏失水量按最高可用水量的 15% ～ 25% 计算。

（3）城市用水量预测与计算，一般采用多种方法相互校核

① 人均综合指标法：人均综合指标是指城市每日的总供水量除以用水人口所得到的人均用水量。确定了用水量指标后，再根据规划确定的人口数，就可以计算出用水量总量，见下式：

$Q = Nqk$

式中 Q 指城市用水量，N 指规划期末人口数，q 指规划期限内的人均综合用水量标准，k 指规划期用水普及率。

② 单位用地指标法：确定城市单位建设用地的用水量指标后，根据规划的城市用地规模，推算出城市用水总量。

③ 年递增率法。

④ 用水量变化见下式。

日变化系数（K_d）＝年最高日用水量／年平均日用水量

K_d 通常为 $1.1 \sim 1.5$。

规划时，可参考如下值：特大城市，日变化系数为 $1.1 \sim 1.2$；大城市，日变化系数为 $1.15 \sim 1.3$；中小城市，日变化系数为 $1.12 \sim 1.5$。气温较高的城市可选用上限值。

时变化系数（K_h）= 最大日最大时用水量 / 最大日平均时用水量

K_h 通常为 $1.3 \sim 3.0$。

3. 城市给水水源规划

水资源是指人类可以利用的那一部分淡水资源，如河流、湖泊、水库中的地表水，以及可逐年恢复的地下水。给水水源可分为地下水源和地表水源两大类。

（1）城市水源选择的原则

水源具有充沛的水量，满足城市近、远期发展的需要。

水源具有较好的水质。

选择水源时还应考虑取水工程本身与其他各种条件，如当地的水文、水文地质、工程地质、地形、人防、卫生、施工等方面条件。

水源选择应考虑防护和管理的要求，避免水源枯竭和水质污染，保证安全供水和经济性。

（2）城市水源保护

① 地表水源的卫生防护

取水点周围半径 100 米的水域内，严禁捕捞、停靠船只、游泳和从事可能污染水源的任何活动，并应设有明显的范围标志。

取水点上游 1 000 米至下游 100 米的水域，不得排入工业废水和生活污水，其沿岸防护范围不得堆放废渣，不得设立有害化学物品仓库、堆放或装卸垃圾、粪便和有毒物品的码头，沿岸农田不得使用工业废水或生活污水灌溉及施用持久性或剧毒的农药，不得从事放牧等有可能污染该段水域水质的活动。

以河流为给水水源的集中式给水，应把取水点上游 1 000 米以外的一定范围河段划为水源保护区，严格控制上游污染物排放量。排放污水时应符合有关要求，以保证取水点的水质符合饮用水水源水质要求。

水厂生产区的范围应明确划定，并设立明显标志。在生产区外围不小于 10 米范围内不得设置生活居住区和修建禽畜饲养场、渗水厕所、渗水坑，不得堆放垃圾、粪便、废渣或铺设污水渠道，应保持良好的卫生状况和绿化。

② 地下水源的卫生防护

取水构筑物的防护范围，应根据水文地质条件、取水构筑物的形式和附近地区的卫生状况进行确定，其防护措施与地面水的水厂生产区要相同。

在单井或井群影响半径范围内，不得使用工业废水或生活污水和施用有持久性毒性或剧毒的农药，不得修建渗水厕所、渗水坑，不得堆放废渣或铺设污水渠道，不得从事破坏深层土层的活动。如取水层在水井影响半径内不露出地面或取水层与地面水没有互相补充关系时，可根据具体情况设置较小的防护范围；在水厂生产区的范围内，应按地面水厂生产区的要求执行。

4. 城市给水工程规划

城市给水工程规划按工作过程，分为取水工程、净水工程和输配水工程，构成给水系统。给水系统的布置形式包括统一给水系统、分质给水系统、分区给水系统、循环给水系统和区域性给水系统等。

（1）城市给水工程布置原则

① 根据城市规划的要求、地形条件、水资源情况及用户对水质、水量和水压等要求来确定布置形式、取水构筑物、水厂和管线的位置。

② 从技术经济角度分析比较方案，尽量以最少的投资满足用户对水量、水质、水压和供水可靠性的要求。考虑近远期规划结合、分期实施。

③ 在保证水量的条件下，优先选择水质较好、距离较近、取水条件较好的水源。当地水源不能满足城市发展要求时，应考虑远距离调水或分质供水，保证城市供水可持续发展。

④ 水厂位置应接近用水区，以降低输水管道的工作压力，缩短输水管道的长度。净水工艺力求简单有效，并符合当地实际情况，以便降低投资和生产成本。

⑤ 充分考虑用水量较大的工业企业重复用水的可能性，努力发展清洁工艺，以利于节约水资源，减少污染和减少费用。

⑥ 给水处理厂的厂址应选择在工程地质条件较好的地方，水厂周围应具有较好的环境卫生条件和安全防护条件，并便于考虑沉淀池料泥及滤池冲洗水的排除；

当取水地点距离用水区较近时，水厂一般设置在取水构筑物附近，通常与取水构筑物建在一起。

⑦ 输水管定线时力求缩短线路长度，尽量沿现有或规划道路定线，减少与河流、铁路、公路、山丘的交叉，便于施工和维护。

⑧ 管网干管布置的主要方向应按供水主要流向延伸，管网布置必须保证供水安全可靠，宜布置成环状。

（2）给水管网的布置形式

城市用水经过净化之后，通过安装大口径的输水干管和敷设配水管网，将水输配到各用水地区。输水管道不宜少于两条，给水管网的布置形式主要有树状网和环状网。

树状网将水厂泵站或水塔到用户的管线布置成树枝状，管径随所供给用户的减少而逐渐变小。树状网构造简单、长度短、节省管材和投资，但供水的安全可靠性差，并且在树状网末端，因用水量小，管中水流缓慢甚至停留，致使水质容易变坏而出现浑浊水和红水的可能。

给水管线纵横，相互接连，形成闭合的环状管网。环状网中，任一管道都可由其余管道供水，从而提高了供水的可靠性。环状网能降低管网中的水头损失，并大大减轻水锤造成的影响。但环状网由于增加了管线的总长度，使投资增加。环状网用在供水安全可靠性要求较高的地区。

（3）城市给水管网敷设

水管管顶以上的覆土深度，在不冰冻地区由外部荷载、水管强度、土壤地基、与其他管线交叉等情况决定，金属管道一般不小于 0.7 米，非金属管道不小于 1.0 ～ 1.2 米。

冰冻地区，管道除了考虑以上因素外，还要考虑土壤冰冻深度。缺乏资料时，管底在冰冻线以下的深度如下：管径 D = 300 ～ 600 毫米时为 0.75 米，D > 600 毫米时，为 0.5 米。

给水管道相互交叉时，其净距不应小于 0.15 米，与污水管相平行时，间距取 1.5 米。

给水管线穿越铁路和公路时，一般均在路基下垂直方向穿越，也可根据具体情况架空穿越（图 4-1）。

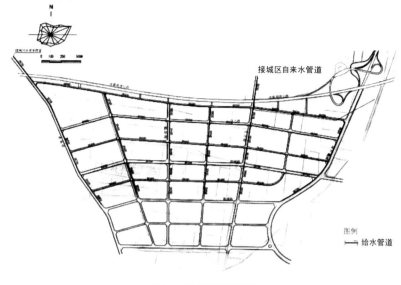

图 4-1 给水工程规划图

 思考讨论

说一说，城市给水规划需要考虑哪些因素？

（二）城市排水规划

1. 城市排水规划的内容

根据城市自然环境和用水状况，合理确定规划期内污水处理量、污水处理设施的规模与容量、降水排放设施的规模与容量；科学布局污水处理厂（站）等各种污水处理与收集设施、排涝泵站等雨水排放设施，以及各级污水管网；制定水环境保护污水治理与利用等对策与措施。

2. 排水量预测

（1）城市污水量预测和计算

城市污水量包括城市生活污水量和部分工业废水量，其与城市性质、发展规模、经济生活水平、规划年限等有关。生活污水量的大小直接取决于生活用水量。通常生活污水量占生活用水量的 70% ～ 90%。

污水量与用水量密切相关，通常根据用水量乘以污水排出率即可得污水量。根据规划所预测的用水量，通常可选用城市污水排出率、城市生活污水排出率和城市工

97

业废水排出率来计算城市污水量。另外应当注意，地下水位较高的地方，应适当考虑地下水的渗入量。

（2）变化系数

在进行污水系统的工程设计时，常用变化系数的概念考虑污水处理厂和污水泵站的设计规模和管径。

一日之中，白天和夜晚的污水量不一样，各小时的污水量也有很大变化，即使在 1 小时内污水量也是变化的。但是，在城市污水管道规划设计中，通常都假定在 1 小时内污水流量是均匀的。

污水量的变化情况常用变化系数表示。变化系数有日变化系数、时变化系数和总变化系数。

3. 排水体制与排水工程系统

（1）城市排水工程的体制分类

对生活污水、工业废水和降水采用的不同的排出方式所形成的排水系统，称为排水体制，又称排水制度。排水系统可分为合流制和分流制两类。

① 合流制排水系统

合流制排水系统将生活污水、工业废水和雨水混合在单一的管渠系统内进行排出。

直排式合流制：管渠系统的布置就近坡向水体，分若干个排水口，混合的污水经处理和利用直接就近排入水体。这种排水系统对水体污染严重，目前一般不宜采用。

截流式合流制：在早期直排式合流制排水系统的基础上，在河岸边建造一条截流干管，同时，在截流干管处设溢流井，并设污水厂。晴天和初雨时，所有污水都排送至污水厂，经处理后排入水体。当雨量增加，混合污水的流量超过截流干管的输水能力后，将有部分混合污水经溢流并流出直接排入水体。这种排水系统比直排式有了较大改进。但在雨天，仍有部分混合污水不经处理直接排入水体，对水体污染较严重。为了进一步改善和解决污水厂晴、雨天水量变化较大引起的问题，可在溢流井后设贮水库，待雨停之后，把混合污水送污水厂进行处理，但投资很大。截流式合流制多用于老城改建。

② 分流制排水系统

分流制排水系统是将生活污水、工业废水和雨水分别在两个或两个以上各自独立的管渠内排出的系统。

完全分流制。完全分流制排水系统分设污水和雨水两个管渠系统，前者汇集生活污水、工业废水后送至处理厂，经处理后排放和利用；后者汇集雨水和部分工业废水（较洁净），就近排入水体。该形式卫生条件较好，但仍有初期雨水污染问题，且投资较大。新建的城市和重要工矿企业，一般应采用该形式。工厂的排水系统，一般采用完全分流制，甚至要清浊分流、分质分流。有时，需几种系统来分别排出不同种类的工业废水。

不完全分流制。不完全分流制排水系统只有污水管道系统而没有完整的雨水管渠排水系统。污水经由污水管道系统流至污水厂，经过处理利用后，排入水体；雨水通过地面漫流进入不成系统的明沟或小河，然后进入较大的水体。该形式省投资，主要用于有合适的地形、有比较健全的明渠水系的地方，以便顺利排泄雨水。对于新建城市或发展中地区，为了节省投资，常先采用明渠排雨水，待有条件后，再改建雨水暗管系统，变成完全分流制系统。对于地势平坦、多雨易造成积水地区，不宜采用不完全分流制。

（2）城市排水工程系统的布置形式

城市排水系统的平面布置,根据地形、竖向规划、污水处理厂位置、周围水体情况、

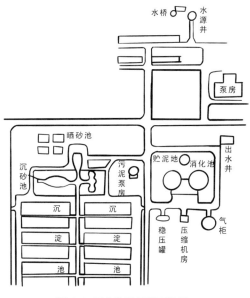

图 4-2 污水处理厂平面设置

污水种类和污染情况及污水处理利用的方式、城市水源规划、大区域水污染控制规划等来确定。下面是几种以地形为主要因素的布置形式。

正交式布置。在地势向水体适当倾斜的地区，各排水流域的干管可以在短距离与水体垂直相交的方向布置。这种布置方式干管长度短、口径小，造价经济，在现代城市中仅用于排除雨水。

截流式布置。对于正交式布置的管网，在河岸敷设总干管，将各干管的污水截流后送至污水厂，这种布置称为截流式。这种方式对减轻水体污染、改善和保护环境有重大作用，适用于分流制污水排水系统，将生活污水及工业废水经处理后排入水体；也适用于区域排水系统，区域总干管截流各城镇的污水后送至城市污水厂进行处理。在地势向河流方向有较大倾斜的地区，为了避免因干管坡度及管内流速过大，使管道受到严重冲刷或跌水井过多，可使干管与等高线及河道基本平行，主干管与等高线及河道成一倾斜角敷设（图 4-3）。

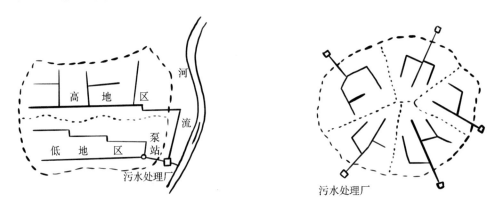

图 4-3 排水系统正交式布置和截流式布置

（3）排水管网布置原则

尽可能在管线较短和埋深较小的情况下，让最大区域上的污水自流排出。

地形是影响管道定线的主要因素，污水管道尽量采用重力流形式，避免提升。

管道定线尽量减少与河道、山谷、铁路及各种地下构筑物交叉，并充分考虑地质条件的影响；污水干管一般沿城市道路布置。

由于污水管道渗漏的污水会对其他管线产生影响，所以应考虑管道损坏时，不影响附近建筑物、构筑物的基础或污染生活饮用水。

管道的埋设深度指管底内壁到地面的距离，通常在干燥土壤中，污水管道最大埋深约为 7～8 米，在多水、流沙、石灰岩地层中不超过 5 米。管道的覆土厚度是管道外壁顶部到地面的距离，通常最大覆土厚度不宜大于 6 米。在满足各方面要求的前提下，理想覆土厚度为 1～2 米。

在排水区域内，对管道系统的埋设深度起控制作用的点称为控制点。在规划设计时，尽量采取一些措施来减少控制点管道的埋深。

雨水管渠系统应充分利用地形，就近排入水体，尽量避免设置雨水泵站。

雨水出口的布置有分散和集中两种布置形式。当出口的水体离流域很近，水体的水位变化不大，洪水位低于流域地面标高，出水口的建筑费用不大时，采用分散出口，以便雨水就近排放，使管线较短，减小管径。反之，则可采用集中出口。

充分利用地形，选择适当的河湖水面和洼地作为调蓄池，以调节洪峰、降低沟道设计流量，减少泵站的设置数量。必要时，可以开挖一些池塘、人工河，以达到储存径流、就近排放的目的。

城市中靠近山体建设的区域，除了应设雨水管道外，尚应考虑在规划地区周围或超过规划区设置排洪沟，以拦截从分水岭以内排泄下来的洪水，使之排入水体，保证避免洪水的损害。

管线布置应简捷顺直，不要绕弯，注意节约大管道的长度。管线布置要考虑城市的远、近期规划及分期建设的安排，要与规划年限相一致。

4.污水处理厂的位置与用地要求

污水处理厂的作用是对生产或生活污水进行处理，使其达到规定的排放标准。污水处理厅应设在地势较低、便于城市污水流入的位置处，靠近河道，宜布置在城市水体的下游。污水处理厂应离开居住区，保持一定宽度的隔离地带，地形有一定的坡度，利于污水、污泥的自流。污水处理厂的厂址布置要考虑城市的远、近期发展要求，同时考虑扩建的可能性。

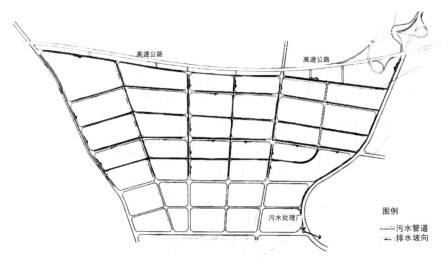

图 4-4 排水工程规划图

 讨 论 与 分 享

在学习了这么多有关城市给水、排水规划相关知识后，你对于平常用水及生活废水处理有着怎样新的认识和想法？

二、城市能源规划

城市能源工程规划包括能源结构的选择、城市电力规划、供电电源的选择、城市用电量估算、供电分区的划分、电厂的位置、电力高压走廊的位置、变电站的选址；城市燃气工程系统规划包括燃气厂的选址、燃气管网系统、加压站、储气罐、液化气站的位置；城市供热工程系统规划包括确定城市集中供热对象、供热标准、供热方式，合理确定城市供热量和负荷选择并进行城市热源规划，确定城市热电厂、热力站等供热设施的数量和容量，科学布局各种供热设施和供热管网，制定节能保温的对策与措施，以及供热设施的防护措施。

（一）城市能源结构

城市能源有以下三种分类：

一次能源和二次能源：用煤烧锅炉产生蒸汽属一次能源；用煤发电属二次能源。

干净能源与不干净能源：电力属于干净能源；燃煤燃油对大气有污染，属于不干净能源。

再生能源与非再生能源：风力、水力、太阳能属再生能源；煤、油等属非再生能源。

（二）城市供电电源规划

1. 发电厂的位置

发电厂有水力、火力、地热、核电等发电方式，火力发电厂与城市总体关系密切，火力发电厂的位置一般应考虑以下几个方面：

电厂尽量靠近负荷中心，使热负荷和电负荷的距离经济合理。

燃煤电厂的燃料消耗量很大，中型电厂的年耗煤量有的在五十万吨以上，大型电厂每天耗煤约在万吨以上，因此，厂址应尽可能接近燃料产地，靠近煤源，以便减少燃料运输费。同时，由于减少电厂贮煤量，相应地也减少了厂区用地面积，在劣质煤源丰富的矿区建立坑口电站是最经济的，它可以减少铁路运输（用皮带直接运煤），进而降低造价，节约用地。

电厂铁路专用线选线要尽量减少对国家干线通行能力的影响，接轨方向最好是重车方向为顺向。

电厂生产用水量大，包括汽轮机凝汽用水、发电机和油的冷却用水、除灰用水等。大型电厂首先应考虑靠近水源，直流供水。

燃煤发电厂应有足够的贮灰场，贮灰场的容量要能容纳电厂十年的贮灰量。分期建设的灰场的容量一般要能容纳三年的出灰量。厂址选择时，同时要考虑灰渣综合利用场地。

厂址选择应充分考虑出线条件，留有适当的出线走廊宽度，高压线路下不能有任何建筑物。

电厂运行中有飞灰，燃油电厂排出含硫酸气，厂址选择时要有一定的防护距离。

2. 变电所（站）选址

变电所（站）接近负荷中心或网络中心。

变电所（站）要便于各级电压线路的引入和引出，这由架空线走廊与所（站）址同时决定。

变电所（站）建设地点工程地质条件良好，地耐力较高，地质构造稳定。要避开断层、滑坡、塌陷区、溶洞地带等，避开有岩石和易发生滚石的场所，如所址选在有矿藏的地区，应征得有关部门同意。

所址地势应高而平坦，不宜设于低洼地段，以免洪水淹没或涝渍影响，山区变电所的防洪设施应满足泄洪要求。

交通运输方便，适当考虑职工生活上的方便。

所址尽量不设在空气污秽地区，否则应采取防污措施或设在污染的上风侧。

具有生产和生活用水的可靠水源。

应考虑对邻近设施的影响，尤其注意对广播、电视、公用通讯设施的电磁干扰。

（三）城市供电网络规划

城市用电负荷按城市全社会用电分类，可分为产业类和城乡居民生活类用电。

负荷预测可采用两种方法，一种方法是从用电量预测入手，然后由用电量转化为市内各分区的负荷预测；另一种方法是从计算市内各分区现有的负荷密度入手进行预测。两种方法可以互相校核。

1. 城市电力网络等级

城市电力线路电压等级有 500 千伏特、330 千伏特、220 千伏特、110 千伏特、66 千伏特、35 千伏特、10 千伏特、380 伏特/220 伏特八类。通常城市一次送电电压为 500 千伏特、330 千伏特、220 千伏特，二次送电电压为 110 千伏特、66 千伏特、35 千伏特，高压配电电压为 10 千伏特，低压配电电压为 380 伏特/220 伏特。城网应尽量简化变压层次，一般不宜超过 4 个变压层次。老城市在简化变压层次时可以分区进行。

2. 城市送电网规划

一次送电网。一次送电网是系统电力网的组成部分，又是城网的电源，应有充足的吞吐容量。城网电源点应尽量接近负荷中心，一般设在市区边缘。高压深入市区变电所的一次电压，一般采用 220 千伏特或 110 千伏特，宜采用环式（单环、双环或联络线等）。

二次送电网。二次送电网应能接受电源点的全部容量，并能满足供应二次变电所的全部负荷。

3. 高压电力线路规划

线路的长度宜短捷，减少线路电荷损失，降低工程造价。

保证线路与居民建筑物、各种工程构筑物之间的安全距离，按照国家规定的规范，留出合理的高压走廊地带。电力导线边线向外侧延伸所形成的两平行线内的区域，称之为电力线走廊，高压线路部分通常称为高压走廊。

高压线路不宜穿过城市的中心地区和人口密集的地区。要考虑到城市的远景发展，避免线路占用工业备用地或居住备用地。

高压线路穿过城市时，须考虑对其他管线工程的影响，尤其是对通信线路的干扰，并应尽量减少与河流、铁路、公路以及其他管线工程的交叉。

高压走廊不应设在易被洪水淹没的地方，或地质构造不稳定（活动断层、滑坡等）的地方。在河边敷设线路时，应考虑河水冲刷的影响。

高压线路尽量远离空气污浊的地方，以免影响线路的绝线，发生短路事故。高压线路应避免接近有爆炸危险的建筑物、仓库区。

尽量减少高压线路转弯次数，适合线路的经济档距（即电杆之间的距离），使线路比较经济（图 4-5）。

（四）城市燃气气种选择

发展城市燃气，必须从本地区和资源条件出发，发展完善煤制气，优先使用天然气，合理利用液化石油气，大力回收利用工业余气，建立因地制宜、多气互补的灵

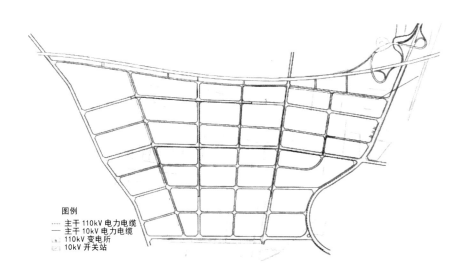

图例
----主干110kV电力电缆
——主干10kV电力电缆
110kV 变电所
10kV 开关站

图 4-5 电力工程规划图

活的燃气供给体系。城市燃气负荷根据用户性质不同可分为民用燃气负荷和工业燃气负荷两大类。民用燃气负荷又可分为居民生活用气负荷与公建用气负荷两类。在计算用气负荷时，还必须考虑未预见用气量。未预见用气量主要包括两部分：一部分是管网的漏损量，另一部分是因发展过程中出现没有预见到的新情况而超出了原计划的设计供气量。根据燃气的年用气量指标，可以估算出的城市年燃气用量。燃气的日用气量与小时用气量是确定燃气气源、输配设施和管网管径的主要依据。因此，燃气用量的预测与计算的主要任务是预测计算燃气的日用量与小时用量。燃气的供应规模主要是由燃气的计算月平均日用气量决定的。一般认为工业企业用气、公建用气、采暖用气和未预见用气都是较均匀的，而居民生活用气是不均匀的。

（五）燃气输配系统规划

1. 城市燃气输配设施

燃气储配站主要有三个功能：一是储存必要的燃气量以调峰；二是可使多种燃气进行混合，达到适合的热值等燃气质量指标；三是将燃气加压，以保证输配管网内适当的压力。

调压站根据城市燃气管道输送压力 P（千克／平方厘米）可分为高压燃气管道 $3.0 < P \leq 8.0$；次高压燃气管道 $1.5 < P < 3.0$；中压燃气管道 $0.05 < P < 1.5$；低压燃气管道 $P \leq 0.05$。

2. 城市燃气输配管网的形制

（1）一级管网系统

低压一级管网系统。低压一级管网系统因输送时不需要增压，故节省加压用电能，降低了运行成本；系统简单，供气比较安全可靠，维护管理费用低。其缺点是由于供气压力低，致使管道直径较大，一次投资费用较高；管网起、终点压差较大，造成多数用户灶前压力偏高，燃烧效率降低，并增加烟气中一氧化碳的含量，厨房卫生条件较差。

中压一级管网系统。中压一级管网系统可以减少管道长度，节省投资，提高灶具燃烧效率。但其安装水平要求较高，供气安全较低压供气差，一旦发生庭院管道断裂漏气，其危及范围较大。

（2）二级管网系统

中压 B、低压二级管网系统。其优点是供气安全，安全距离容易保证，可以全部采用铸铁管材。缺点是投资较大，增加管道长度，占用城市用地。

中压 A、低压二级管网系统。其优点是输气干管直径较小，比中压 B、低压二级系统节省投资；由于此系统输气干管压力较高，故在用气低峰时，可以储存一定量的天然气用于调峰。中压 A 煤气管道由于需用钢管，使用年限短，折旧费用高。

（3）三级管网系统

三级管网系统通常含有高、中、低压三种压力级制，通称高、中、低压三级管网系统。其优点是供气比较安全可靠；高压或中压 A 外环管网可以储存一定数量的天然气（或加压气化煤气），缺点是系统复杂，维护管理不便，投资大。

（4）混合管网系统

投资较省，管道总长度较短，可以保证安全供气。

3. 城市燃气管网布置原则

为了使主要燃气管道供应可靠，应按逐步形成环状管网进行设计（图 4-6）。

燃气管道应避免埋在交通频繁的干道下，以免干道检修困难和承受很大的动荷载。

不允许将燃气管和自来水管、雨水管、污水管、热水管、电力及通信电缆放在同一地沟内。

应减少穿、跨越河流、水域、铁路等工程，以减少投资。

为确保供气可靠，一般各级管网应沿路布置。

燃气管网应避免与高压电缆平行敷设。

4. 煤气制气厂选址原则

燃气厂在城市中的选址最主要考虑的是煤的运输贮放以及对城市的污染问题。

厂址选择应合乎城市总体发展的需要，气源厂应根据城市发展规划预留发展用地。

厂址应具有方便、经济的交通运输条件，与铁路、公路干线或码头的交通应尽量便捷。

厂址应具有满足生产、生活和发展所必需的水源和电源。

厂址宜靠近生产关系密切的工厂，并为运输、公用设施、"三废"处理等方面的

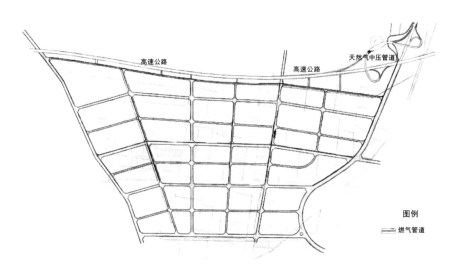

图 4-6 燃气工程规划图

协作创造有利条件。

　　厂址应符合现行的环境保护的有关法规和《工业企业设计卫生标准》。

　　厂址应有良好的工程地质条件和较低的地下水位，不应设在受洪水、内涝威胁的地带。

　　5. 液化石油气供应基地的选址原则

　　液化石油气储配站属于甲类火灾危险性企业，站址应选在城市边缘，与服务站之间的平均距离不宜超过 10 千米。

　　站址应选择在所在地区全年最小频率风向的上风侧。

　　站址与相邻建筑物应遵守有关规范所规定的安全防火距离。

　　站址应是地势平坦、开阔、不易积存液化石油气的地段，并避开地震带、地基沉陷和雷击等地区。站址不应选在受洪水威胁的地方。

　　站址应具有良好的市政设施条件，运输方便。

　　站址应远离名胜古迹、游览地区和油库、桥梁、铁路枢纽站、飞机场、导航站等重要设施。

　　站址在罐区一侧应尽量留有扩建的余地。

6. 液化石油气气化站与混气站的布置原则

液化石油气气化站与混气站的站址应靠近负荷区。

站址应与站外建筑物保持规范所规定的防火间距。

站址应处在地势平坦、开阔、不易积存液化石油气的地段。

（六）城市供热系统

为了节约能源、减少城市污染，应逐步实现集中供热。集中供热有两种方式：热电厂供热和区域锅炉房供热。供热系统由热源、管网和热用户散热器三部分组成。根据热源与管网之间的关系，热网可分为区域式热网和统一式热网两类；根据输送介质的不同，热网可分为蒸汽管网、热水管网和混合式管网三种；按平面布置类型分，供热管网可分为枝状管网和环状管网两种。民用供热一般为地下敷设。供热管道在地下敷设时，可采用通行地沟、半通行地沟、不通行地沟或无沟敷设。

1. 城市热负荷种类

根据热负荷用途分类可分为室温调节、生活热水和生产用热。

根据热负荷性质分类可分为民用热负荷和工业热负荷。

根据用热时间规律分类可分为季节性热负荷和全年性热负荷。

2. 热电厂的选址原则

热电厂应尽量靠近热负荷中心。

热电厂要有方便的水陆交通条件，要有良好的供水条件。

热电厂要有方便的出线条件，要有一定的防护距离和妥善解决排灰的条件。

热电厂的厂址应避开滑坡、溶洞、塌方、断裂带淤泥等不良地质的地段。

3. 供热管网的形制

热水热力网宜采用闭式双管制。

以热电厂为热源的热水热力网，同时有生产工艺、采暖、通风、空调、生活热水多种热负荷，在生产工艺热负荷与采暖热负荷所需供热介质参数相差较大，或季节性热负荷占总热负荷比例较大，且技术经济合理时，可采用闭式多管制。

4. 城市供热管网的敷设方式

（1）架空敷设

架空敷设不受地下水位的影响，运行时维修检查方便。其缺点是占地面积较大、管道热损失大、在某些场合不美观。

（2）地下敷设

地下敷设占地面积较小，较安全可靠。但其需挖土方量大，管理维修不方便。热网建设应首先考虑采用直埋管道的敷设方式。

图 4-7 供热工程规划图

⚙ 讨 论 与 分 享

　　天然气是我们在日常生活中离不开的能源，为了确保我们的使用安全，它的管道在铺设过程中有哪些注意事项？

第二节 搭建未来之城的工程模块

 问题引入

　　城市通信是城市生活必不可少的部分，请思考并说出你在生活中使用过哪些城市通信设施？

　　城市防灾是在规划城市的时候必须考虑的事情，你在生活中在哪里能看到一些防灾设备呢？其实还有很多你看不见的防灾设施，想一想，他们在城市防灾中扮演着怎样的角色呢？

　　你设计的未来之城包含的工程模块有哪些？他们之间有交互吗？如果让你将各个工厂经过模块的设计图转化为模型，你将如何转化？

 小组活动

活动主题：

搭建未来之城的工程模块。

活动建议：

在开始活动之前，组长做好本节课内容的分工。

对依据设计图纸转化为搭建量进行合适的预估。

设计模块建议：

可以尽量在保证表面形态逼真的情况下将其中的细节也展现清楚，如有必要可以配备文字说明（此文字说明可以作为之后论文整理的依据或内容）。

活动内容：

首先，对于已经设计好的图纸进一步完善。

其次，思考并协商，组内对于将图纸内容转化为实物搭建的方式或者过程达成一致。

再次，对于设计图纸中的各个需要实物搭建的部分，进一步对于实物形状、外观等进行设计和确定。

然后，去材料存放处挑选搭建搭建未来之城整体布局及交通与道路系统需要的材料，注意勤拿少取，避免材料浪费。

最后，将未来之城的工程模块进行合力搭建。

活动成果：

对搭建未来之城市的工程模块，将相关的文字说明整理成文字稿件。

活动时长：

建议 40～45 分钟，如果课上没有完成创作，则需要及时调整设计规划，也可以在课下有精力的情况下对其进行完善。

 讨论与分享

说一说，在未来之城工程模块搭建过程中有哪些新的收获？

 文献链接

一、城市电信规划

（一）城市通信规划的内容

结合城市通信实况和发展趋势，确定规划期内城市通信的发展目标，预测通信需求；合理确定邮政、电信、广播、电视等各种通信设施的规模、容量；科学布局各类通信设施和通信线路；制定通信设施综合利用对策与措施，以及通信设施的保护措施。

（二）城市电信需求量预测

1. 城市邮政需求量预测

城市邮政设施的种类、规模、数量主要依据通信总量邮政年业务收入来确定。因此，城市邮政需求量主要用邮政年业务收入或通信总量来表示。预测通信总量（万元）和年邮政业务收入（万元），采用发展态势延伸法、单因子相关系数法、综合因子相关系数法效法等预测方法。

2. 城市电话需求量预测

电话需求量的预测是电话网路、局所建设和设备容量规划的基础。电话需求量由电话用户、电话设备容量组成。电话行业的电话业务预测包括了用户和话务预测。

（三）城市通信系统

1. 城市有线电话系统

电话网络等级可分为五类：一级为大区交换中心，二级为省级中心，三级类似地区中心，四级为长途交换网终端，五级为终端局。

有线电话系统规划的内容包括研究电话局所的分区范围及局所位置、调查电话需求量的增长、规划通信电缆的走向及位置。

2. 城市无线通信设备

城市无线通信包括电台、微波通信、移动电话、寻呼台等，无线通信的频道要由城市专门设立的机构加以分配和控制。

移动电话网的规划包括移动电话话务量规划、移动通信站点布置、通信频道设置等。根据移动电话系统预测的容量决定移动电话覆盖的范围，采取大区、中区、小区的制式。大区制业务区半径一般为 30～60 千米，由电话局及基站组成，小区制是将业务区分为若干蜂窝状小区的基站区，半径一般为 1.5～15 千米，中区制是介于大区制和小区制之间的一种系统。各类基站的设置要避免干扰及产生盲区。

3. 城市广播电视系统

在城市规划中需要考虑广播电视台的位置、卫星及微波通信传播台的选址。广播及电视发射塔及微波站，要选在地质条件好的地点，站址要避免本系统（同波道、越站和汇接干扰）和外系统干扰（如雷达、地球站、其他无线通信）。

（四）城市通信系统

邮政局所设置要便于群众用邮，要根据人口的密集程度和地理条件所确定的不同的服务人口数、服务半径、业务收入三项基本要求来确定。我国邮政主管部门制定的城市邮政服务网点设置的参考标准如下。

表 4-1 邮政局所设置的要求

城市人口密度（万人/平方千米）	服务半径（千米）	城市人口密度（万人/平方千米）	服务半径千米
＞2.5	0.5	0.5～1.0	0.81～1
2.0～2.5	0.51～0.6	0.1～0.5	1.01～2
1.5～2.0	0.61～0.7	0.05～0.1	2.01～3
1.0～1.5	0.71～0.8		

邮政局所选局址应设在闹市区、居民集聚区、文化游览区、公共活动场所和大型工矿企业、大专院校所在地。车站、机场、港口以及宾馆内应设邮电业务设施。局址应交通便利，运输邮件车辆易于出入。

 讨论与分享

　　说一说，不同的通信方式及对应的通信设备有着怎样相同或者不同的部署方式？为什么？

二、城市防灾规划

（一）城市防灾规划的内容

城市防灾规划包括两方面的内容。在硬件方面，要布置安排各种防灾工程设施；在软件方面，要拟定城市防灾的各种管理政策及指挥运作体系，做好灾害预防和救护两个方面的工作。

城市防灾规划包括城市防洪、防火、灾害减轻及防空规划。生命线系统指在灾害发生时，保证人民生命安全及生存环境的工程项目，城市防灾规划的重点是生命线系统的防灾措施，即指那些维持市民生活的电力、煤气、自来水供应等系统，包括海陆空交通运输系统、水供应系统、能源供应系统和信息情报系统。电力是生命线系统的核心，主电网应形成环路，还应备有自发电机及可移动式的柴油发动机系统。煤气供应系统应能关闭。供水应采取分区供应，设置多水源。

根据城市自然环境、灾害区划和城市地位，确定城市各项防灾标准，合理确定各项防灾设施的等级、规模；科学布局各项防灾设施；充分考虑防灾设施与城市常用设施的有机结合，制定防灾设施的统筹建设、综合利用、防护管理等对策与措施。

（二）城市防洪规划

城市防洪规划的主要内容是确定城市防洪的标准，确定城市防洪工程设施的布局，确定城市排涝工程的设施。

对于洪水的防治，应从流域的治理入手。一般来说，对于河流洪水防治有"上蓄水、中固堤、下利泄"的原则，即上游以蓄水分洪为主，中游应加固堤防，下游应增强河道的排泄能力。综合起来，主要防洪对策有"以蓄为主"和"以排为主"两种。

1. 城市防洪、防涝标准

防洪工程设计是以洪峰流量和水位为依据的，而洪水的大小通常是以某一频率的洪水量来表示。防洪工程的设计是以工程性质、防范范围及其重要性的要求，选定某一频率作为计算洪峰流量的设计标准的。通常洪水的频率用重现期的倒数代替表示，例如重现期为 50 年的洪水，其频率为 2%，重现期为 100 年的洪水，其频率为 1%，显然，重现期愈大，防洪工程的设计标准就越高。

2. 以蓄水为主的防洪措施

水土保持、植树造林，在流域面积内控制径流和泥沙。这是一种在大面积上大范围内保持水土的有效措施，既有利于防洪，又有利于农业，即使在城市周围，加强水土保持，对于城市防止山洪的威胁，也会起到积极的作用。

利用水库蓄洪和滞洪，可以在上游河道适当位置处利用湖泊、洼地或修建水库拦截或滞留洪水，削减下游的洪峰流量，以减轻或消除洪水对城市的灾害。这种办法还可以起到兴利的作用，即可以调节枯水期径流，增加枯水期水流量，保证供水、航运及水产养殖等。

（1）以排为主的防洪措施

修筑堤防，筑堤可增加河道两岸高程，提高河槽安全泄洪能力，在平原地区的河流上多采用这种防洪措施。整治河道，能够加大河道的通水能力，使水流通畅，水位降低，从而减少了洪水的威胁。

（2）城市防洪的构筑物措施

城市防洪的构筑物措施主要有排洪沟、截洪沟、防洪堤和排涝设施等。

（三）城市消防规划

1. 城市的防火布局

城市的防火布局主要考虑以下四个方面的问题：

城市重点防火设施的布局。城市中不可避免地要安排如液化气站、煤气制气厂、油品仓库等一些易燃易爆危险品的生产、储存和运输设施，这些设施应慎重布局，特别是要保持规范要求的防火间距。

城市防火通道布局。城市中消防车的通行范围涉及火灾扑救的及时性，城市内消防通道的布局应合乎各类设计规范。

城市旧区改造。城市旧区是建筑耐火等级低、建筑密集、道路狭窄、消防设施不足的地区，是火灾高发地区，并且延烧的危险性很大。因此，城市旧区的改造，是城市防火的重要工作。

合理布局消防设施。城市消防设施包括消防站、消防栓、消防水池、消防给水管道等。应在城市中合理布局上述设施。

2. 消防设施的布局

消防单位从行政上划分为总队、支队和中队。消防站占地及装备也分为三级：

一级消防站，有消防车 6～7 辆，占地 3 000 平方米左右。

二级消防站，有消防车 4～5 辆，占地 2 500 平方米左右。

三级消防站，有消防车 3 辆，占地 2 000 平方米左右。

消防站的责任区面积宜为 4～7 平方米。1.5～4 万人城镇可设置一处消防站，消防站应在接到警报后 5 分钟内到达出事地点。消防站应布置在责任区中心，交通便利。消防站应与医院、幼托小学等人流集中处保持一定的距离。

（四）城市减轻震灾规划

地震有两种指标分类法。一种是按所在地区受影响和受破坏的程度进行分级，称为地震的烈度。在我国，地震烈度分为 12 个等级，其中，6 度地震的特征是强震，而 7 度地震则为损害震。因此，以 6 度地震烈度作为城市设防的分界，非重点抗震防灾城市的设防等级为 6 度，6 度以上设防城市为重点抗震防灾城市。按震源放出的能量来划分地震的等级，称为地震的震级，地震释放的能量越大，震级越高。一般来说，震级小于 2.5 级时，人一般感觉不到，而震级大于 5 级时，就可能造成破坏。

1. 城市抗震对策

地震的发生往往有极大的突然性，城市布局的避震减灾措施是最为有效和经济的抗震对策。在城市布局中，主要考虑的避震减灾措施有以下三种：

城市发展用地选址时，尽量避开断裂带、溶洞区、滑坡等地质不良地带，避开软土及液化土层地带。

城市进行建筑群规划时，应考虑保留必要的空间与间距，建筑物一旦震时倒塌，不影响别的建筑或阻塞人员疏散通道。

在城市布局中，要保证一些道路的宽度，使之在灾时仍能保持通畅，满足救灾与疏散需要。同时，应充分利用城市绿地、广场，使其能够成为震时临时疏散场所。

2. 城市抗震标准

城市的抗震标准即为抗震设防烈度。我国工程建设从地震基本烈度6度开始设防。6度地震区内的重要城市与国家重点抗震城市和位于7度以上（含7度）地区的城市，都必须考虑城市抗震问题，编制城市抗震防灾规划。

对于建筑来说，可以根据其重要性确定不同的抗震设计标准。根据建筑重要性，分为甲、乙、丙、丁四类建筑。

 讨论与分享

　　城市防灾包含洪涝、火灾、地震，不同类型的灾害有着不同的防灾方法和方式，如若以此为依据进行未来之城防灾规划，你将如何设计？

第三节 评估与总结

 评估测试题

1.在未来之城的工程规划过程中， 你认为哪个模块是最难设计的？最难的地方在哪里？你是如何克服的？

_____

_____

_____

2.请对自己这章学习的过程进行自我评价，说一说，哪些地方是自己优势的展现？哪些地方是需要自己再进一步努力的？

_____

_____

_____

3.说一说，你在这章中学习到了哪些知识？

_____

_____

_____

本章总结

本章我们学习了城市给水、排水规划、城市能源规划、城市电信规划、城市防灾规划，并设计了未来城市的工程规划。

以下几个重点，一起来回顾一下吧！

◆ 城市防灾规划包括两方面的内容。在硬件方面，要布置安排各种防灾工程设施。在软件方面，要拟定城市防灾的各种管理政策及指挥运作体系。

◆ 城市防灾规划包括城市防洪、防火、灾害减轻及防空规划。

第五章
居住区规划

我们最为熟悉的就是居住区了，我们在家里成长、生活。家是最温暖的地方。居住区的设计规划是城市设计的重要部分，需要考虑人生活在其中的幸福感、舒适感。本章就通过学习现今城市规划中的居住区规划的原则和方式，从中吸取优秀的经验用于未来之城的建设。

第一节 未来之城居住区设计

 问题引入

　　想一想，居住区规划的内容一般包含哪些方面？

　　说一说，你认为在规划居住区的过程中有哪些方面是需要考虑和设计的？

　　以未来之城为整体视角，想一想，哪些居住区的具体信息参照可以少参照或者不参照，为什么？

 小组活动

活动主题：

设计未来之城的居住区。

活动建议：

根据学习的相关专业知识，对未来城市的居住区进行设计，并将其设计在未来之城整体总体布局基础之上，设计并确定未来之城居住区的设计图。

尽量包含书中涉及的模块。

（建议参照，但不限于此。）

活动内容：

在组长的带领下，组内成员进行合理分工，将未来之城的居住区的设计分为合理的模块，组内成员协作完成居住区的设计并落实在设计图上。

当需要更多相关资料做支撑时，成员可以在课下有精力的情况下查阅相关资料。

活动成果：

设计未来之城的居住区设计图。

活动时长：

建议 35 ～ 45 分钟。

讨论与分享

　　通过设计未来之城的居住区，你对自己在现实城市里正常生活有哪些新的感悟？

文献链接

一、居住区规划的任务

居住区规划的目的是为居民经济合理地创造一个能够满足日常物质和文化生活需要的舒适、卫生、安全、宁静和优美的环境。除了安排住宅外，居住区内还须布置居民日常生活所需的各类公共服务设施、绿地、活动场地、道路、泊车场所、市政工程设施等，居住区内也可考虑设置少数无污染、无骚扰的工作场所。

居住区规划的内容一般有以下几个方面：

选择、确定用地位置、范围（包括改建范围）。

确定规模，即确定人口数量（及户数）和用地的大小。

拟定居住建筑类型、数量、层数、布置方式。

拟定公共服务设施的内容、规模和布置方式、数量、标准。

拟定各级道路的宽度、断面形式、布置方式，对外出入口位置、泊车量和停泊方式。

拟定绿地、活动休憩等室外场地的数量、分布和布置方式。

拟定有关市政工程设施的规划方案。

拟定各项技术经济指标和造价估算。

二、居住区规划的分级

居住区按居住户数或人口规模可分为居住区、小区、组团三级。城市居住区泛指不同居住人口规模的居住生活聚居地和特指被城市干道或自然分界线围合，并与居住人口规模（30 000 ～ 50 000 人）相对应，配建有一整套较完善的、能满足该区居民物质与文化生活所需的公共服务设施的居住生活聚居地。居住小区是指为城市道路或自然分界线所围合，并与居住人口规模（10 000 ～ 15 000 人）相对应，配建有一套能满足该区居民基本的物质与文化生活所需的公共服务设施的居住生活聚居地。居住组团指被小河道路分隔，并与居住人口规模（1 000 ～ 3 000 人）相对应，配建有居民所需的基层公共服务设施的居住生活聚居地。

各级标准控制规模，应符合表 5-1 的规定。

表 5-1 居住区的分段

	居住区	小区	组团
户数（户）	10 000 ～ 16 000	3 000 ～ 5 000	300 ～ 1 000
人口（人）	30 000 ～ 50 000	10 000 ～ 15 000	1 000 ～ 3 000

此外，还有扩大小区和各种性质的居住综合区等不同组织形式。

所谓扩大小区就是在干道间的用地内（一般为 100 ～ 150 公顷）不明确划分居住小区的一种组织形式。其公共服务设施（主要是商业服务设施）结合公交站点布置在扩大小区边缘，使相邻扩大小区之间的居民在使用公共服务设施时有可选择的余地。

所谓居住综合区是指居住和工作环境布置在一起的一种居住组织形式，有居住与无害工业结合的综合区，有居住与文化、商业服务、行政办公等结合的综合区，居住综合区不仅使居民的生活和工作方便，节省了上下班时间，减轻了城市交通的压力，同时由于不同性质建筑的综合布置，使城市建筑群体空间的组合也更加丰富多彩。

 讨论与分享

　说一说，居住区、小区、组团各自的特点？
　居住区、小区和组团对你设计的未来之城中的居住区有着怎样的参照意义？

三、居住区的用地组成

居住区用地（R）是住宅用地、公建用地、道路用地和公共绿地四项用地的总称。

（一）住宅用地

住宅用地指居住建筑基底占有的用地及其前后左右必须留出的一些空地，其中包括通向居住建筑入口的小路、宅旁绿地和杂务院等。住宅用地所占的比重最大，从一些已建的居住区实例分析可知，住宅用地一般占 50% 左右。

（二）公共服务设施用地

公共服务设施用地一般称公建用地，是与居住人口规模相对应配建的、为居民服务和使用的各类设施的用地，应包括建筑基底占地及其所属场院、绿地和配建停车场等。

（三）道路用地

道路用地指居住区道路、小区路、组团路及非公建配建的居民汽车地面停放场地，包括居住区范围内的不属于上两项内道路的路面以及小广场、泊车场、回车场等。

（四）公共绿地

公共绿地包括居住区公园、小游园、运动场、林荫道、小块绿地、成年人休息和儿童活动场地等。

公共绿地在居住用地中应不少于用地总面积的 10%。居住小区内每块集中绿地的面积应不小于 400 平方米，且至少有 1/3 的绿地面积在规定的建筑间距范围之外。居住区用地构成中，各项用地所占比例的平衡控制指标应符合表 5-2 规定。

表 5-2 居住区用地平衡控制指标

单位：%

用地构成	居住区	小区	组团
住宅用地（R01）	50～60	55～65	70～80
公建用地（R02）	15～25	12～22	6～12
道路用地（R03）	10～18	9～17	7～15
公共绿地（R04）	7.5～18	5～15	3～6
居住区用地（R）	100	100	100

参与居住区用地平衡的用地应为构成居住区用地的四项用地，其他用地不参与平衡。

人均居住区用地控制指标，应符合表 5-3 的规定。

表 5-3 人均居住区用地控制指标

单位：平方米／人

居住规模	层数	建筑气候区划		
		Ⅰ、Ⅱ、Ⅵ、Ⅶ	Ⅲ、Ⅴ	Ⅳ
居住区	低层	33～47	30～43	28～40
	多层	20～28	19～27	18～25
	多层、高层	17～26	17～26	17～26
小区	低层	30～43	28～40	26～30
	多层	20～28	19～26	18～25
	中高层	17～24	15～22	14～20
	高层	10～15	10～15	10～15
组团	低层	25～35	23～32	21～30
	多层	16～23	15～22	14～20
	中高层	14～20	13～18	12～16
	高层	8～11	8～11	8～11

注：本表各项指标按每户 3.2 人计算。

四、居住区的规模

居住区的规模包括人口及用地两个方面，一般以人口规模作为主要的标志。

居住区规模的主要影响因素如下：

（一）公共设施的经济性和合理的服务半径

居住区级商业服务、文化、教育、医疗卫生等配套公共设施的经济性和合理的服务半径，是影响居住区人口规模的重要因素。

所谓合理的服务半径，是指居民到达居住区级公共服务设施的步行距离，一般为800～1 000米，在地形起伏的地区可适当减少。

（二）城市道路交通方面

城市干道的合理间距一般应在600～1 000米，城市干道间用地一般为36～100公顷。

（三）居民行政管理体制

街道办事处管辖的人口一般约为5万人，少则为3万人左右。

（四）住宅的层数

此外，自然地形条件和城市的规模等因素对居住区的规模也有一定的影响。

居住区合理的规模应符合功能、技术经济和管理等方面的要求，人口一般以3～5万人为宜，用地规模为50～100公顷。由于居住小区在城市中有相对的独立性，它是城市的一部分，但又不希望城市的道路和喧嚣影响它的宁静，因此它的规模应有一定的限度，人口一般以1～1.5万人为宜，用地规模15～20公顷。一个组团恰好是一个居委会管辖的规模，为1 000～3 000人，居委会负责居民生活中的安全、卫生、绿化、计划生育等工作。

五、居住区的规划结构

居住区的规划结构，是根据居住区的功能要求综合地解决住宅与公共服务设施、道路、公共绿地等相互关系而采取的组织方式。

（一）影响居住区规划结构的主要因素

居住区的规划结构主要取决于居住区的功能要求，而功能要求必须满足和符合居民的生活需要，因此居民在居住区内活动的规律和特点是影响居住区规划结构的决定性因素，居住区内公共服务设施的布置方式和城市道路（包括公共交通的组织）是影响居住区规划结构的两个重要方面，也是居住区规划结构需要解决的主要问题。居民行政管理体系、城市规模、自然地形的特点和现状条件等对居住区规划结构也有一定的影响。

（二）居住区规划结构的基本形式

规划结构有各种组织形式，基本的形式有以居住小区为基本单位组织居住区、以居住组团为基本单位组织居住区以及以住宅组团和居住小区为基本单位组织居住区（图 5-1）。

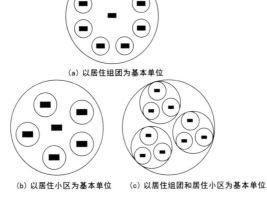

(a) 以居住组团为基本单位

(b) 以居住小区为基本单位　　(c) 以居住组团和居住小区为基本单位

图 5-1 居住区规划结构的基本形式

住宅组团内一般应设有居委会办公室、卫生站、青少年和老年活动室、服务站、小商店、托儿所、儿童或成年人活动休息场地、小块公共绿地、停车场库等，这些项目和内容基本为本居委会居民服务。其他的一些基层公共服务设施则根据不同的特点按服务半径在居住区范围内统一考虑，均衡灵活布置。

以住宅组团和居住小区为基本单位来组织居住区具有较好的层次性，其规划结构方式为：居住区—居住小区—住宅组团，居住区由若干个居住小区组成，每个小区由 2～3 个住宅组团组成。

（三）居住区规划布局的原则

居住区的规划布局，应综合考虑周边环境、路网结构、公建与住宅布局、群体组合、绿地系统及环境等内在联系，构成一个完善、相对独立的有机整体。居住区的规划结构应遵循下列原则：

方便居民生活，与周边环境条件关系紧密。

组织与居住人口规模相对应的公共活动中心，方便经营、使用和社会化服务。

合理组织人流、车流和车辆停放，创造安全、安静、方便的居住环境。

合理设置和组织公共绿地和休闲娱乐体系。

六、居住区规划设计的基本要求

（一）适居性

1. 卫生要求

创造一个卫生、安静的居住环境，拥有良好的日照、通风等条件，防止噪声的干扰和空气的污染等。防止来自有害工业的污染，在冬季采暖地区，有条件的应尽可能采用集中采暖的方式。

2. 安全要求

创造一个安全的居住环境，保证居民正常生活，适应可能引起灾害发生的特殊和非常情况，如火灾、地震等，对各种可能产生的灾害进行分析，按照有关规定，对建筑的防火、防震构造、安全间距、安全疏散通道与场地、人防的地下构筑物等做必要的安排，使居住区规划有利于防止灾害的发生或降低其危害程度。

3. 方便、舒适

创造一个生活方便的居住环境。适应住户家庭不同的人口组成和气候特点，选择合适的住宅类型，合理确定公共服务设施的项目、规模及其分布方式，合理地组织居民室外活动、休息场地、绿地和居住区的内外交通等。

现代居住区的规划与建设已完全改变了从前那种把住宅孤立地作为单个的建筑来进行设计和建设的传统观念，而是把居住区作为一个有机的整体进行规划设计。城市的居住区应反映出生动活泼、欣欣向荣的面貌，具有明朗、大方、整洁、优美的居住环境，既要有地方特色，又要体现时代精神。

（二）识别和特色

居住区的规划布局和建筑应体现地方特色，与周围环境相协调，精心设置建筑小品，丰富及美化环境，注重景观和空间的完整性。公共活动空间的环境设计应处理好建筑道路、广场、院落、绿地和建筑小品之间及其与人的活动之间的相互关系，便于寻访、识别和街道命名。供电、电讯、路灯等管线宜于地下埋设。

（三）经济合理

居住区的规划与建设应与国民经济发展的水平、居民的生活水平相适应。住宅的标准、公共建筑的规模、项目等需考虑当时当地的建设投资及居民的经济状况，降低居住区建筑的造价，节约城市用地。居住区规划的经济合理性主要通过对居住区的各项技术经济指标和综合造价等方面的分析来表述。

新建住房要严格按照节能标准实施，推广太阳能等可再生能源的利用，试点探索旧住房节能改造，大力推进节地、节水、节材和资源的综合利用。

七、住宅及其用地的规划布置

住宅及其用地不仅量多面广（住宅的面积占整个居住区总建筑面积的 80% 以上，用地则占居住区总用地面积的 50% 左右），而且在体现城市面貌方面起着重要的作用，居住区在进行规划布置前，首先要合理地选择和确定住宅的类型。

住宅建筑的规划设计，应综合考虑用地条件、朝向、间距、绿地、层数与密度、布置方式、群体组合、环境和不同使用者的需要等因素确定，宜安排一定比例的老年人居住建筑。

（一）住宅类型的选择

住宅选型直接影响居民的使用、住宅建设的成本、城市用地的多少以及城市面貌。

1. 住宅的类型与特点

住宅的类型包括点式、条式、单元式和廊式。

2. 住宅建筑经济和用地经济的关系

住宅建筑经济的主要依据是每平方米建筑面积的土建造价和平面利用系数、层高、长度、进深等技术参数，而用地经济的主要依据是地价和容积率等。

（1）住宅层数

从用地经济的角度来看，提高层数能节约用地，如住宅层数在 3～5 层时，每提高 1 层，每公顷可相应增加建筑面积 1 000 平方米左右；而 6 层以上，效果显著下降。建筑层数由 5 层增加到 9 层可使住宅居住面积密度提高 35%，由于节约用地，大大降低了室外工程造价、维护费用，减少了道路交通和改建用地的拆迁费用。

（2）进深

住宅进深加大，外墙相应缩短。对于在采暖地区外墙需要加厚的情况下，经济效果更好，加大进深也有利于节约用地。

（3）长度

住宅长度直接影响建筑造价，因为住宅单元拼接越长，山墙也就越省。根据分析，四单元长住宅比二单元长住宅每平方米居住面积造价省 2.5% ～ 3%，采暖费省 10% ～ 21%，但住宅长度不宜过长，过长就需要增加伸缩缝和防火墙等，且对通风和抗震也不利。

（4）层高

住宅层高的合理确定不仅影响建筑造价，也直接和节约用地有关，据计算，层高每降低 10 厘米，能降低造价 1%，节约用地 2%。通过以上初步分析，合理地提高住宅建筑的层数是提高住宅建筑面积密度、节约用地的主要和最基本的手段和途径。

3. 住宅类型选择的考虑因素

合理选择住宅类型一般应考虑以下几个方面：

（1）住宅标准

包括面积标准与质量标准两个方面，住宅标准的确定是国家的一项重大技术政策，反映了一定时期国家经济发展水平和居民的生活水平。对于商品住宅的标准应根据不同的居住对象和市场需求来确定。

（2）套型和套型比

套型一般指每套住房的面积大小和居室、厅和卫生间的数量。如一室一厅、二室二厅一卫、三室二厅二卫等。套型比指各种套型的建造比例，在确定套型比时，应参照当地的人口结构及市场的需求。

（3）住宅建筑层数和比例

住宅建筑层数的确定，要综合考虑用地的经济、建筑造价、施工条件、建筑材料的供应、市政工程设施、居民生活水平、居住方便的程度等因素。

（4）当地自然气候条件和居民的生活习惯

我国幅员辽阔，全国自然气候条件相差甚大。南方地区，气候比较炎热，在选择住宅时，首先应考虑居室有良好的朝向和较好的自然通风条件；而在北方地区，气候寒冷，主要矛盾是冬季防寒，防风雪。此外，必须充分考虑居民的生活习惯。

（5）有利于节约用地，结合地形

住宅建筑单体平面和布局尽量利用地形，结合地形，可从利用住宅单元在开间上的变化达到户型的多样化和适应基地的各种不同情况，为了不占或少占农田，使住宅上山，就需要结合不同坡度和朝向的地形，对建筑进行错层、跌落、掉层、分层人口等局部处理。

（6）符合城市建设面貌的要求

（二）住宅的规划布置

住宅群体组合有四种形式。

1. 行列布置

建筑按一定朝向和合理间距成排布置，使得绝大多数居室可以获得良好的日照和通风。缺点为单调、呆板。

2. 周边布置

形成较封闭的院落空间，便于组织公共绿地，场所感强；可以阻挡风沙和减少院内积雪；节约用地，提高建筑面积密度（容积率）。缺点是部分房间朝向较差。

3. 混合布置

行列式为主，局部周边式，形成半开敞的形式。

4. 自由式布置

成组灵活布置。

（三）通风和噪音的防治

住宅群体组合应该与日照、通风和噪音的防治结合起来。

争取日照与防晒建筑可以采取斜向错开、点状住宅、绿化的方式，争取日照，防止西晒（图5-2，图5-3，图5-4，图5-5）。

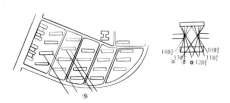

图 5-2　住宅错落布置，可利用山墙
间隙提高日照水平

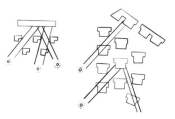

图 5-3　利用点状住宅以增加日照
效果，可适当缩小间距

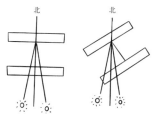

图 5-4　将建筑方位偏东（或西）布置，加大了
间距，增加了底层的日照时间，但阳光入室的
照射面积比南向要小

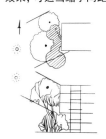

图 5-5　利用绿化防止西晒

表 5-4　住宅建筑日照标准

建筑气候区划	I、II、III、VII气候区		IV气候区		V、VI气候区
	大城市	中小城市	大城市	中小城市	
日照标准日	大寒日			冬至日	
日照时数（小时）	≥2		≥3	≥1	
有效日照时间带（小时）	8~16			9~15	
计算起点	底层窗台面				

　　提高自然通风和防风效果。在规划布局上，居住区的位置应选择良好的地形和环境。要避免因地形等条件造成的空气滞留或风速过大。在居住区内部，可通过道路、绿地、河湖水面等空间，将风引入，并使其与夏季的主导风向相一致。

　　成片成丛的绿化布置可以阻挡或引导气流，改变建筑组群气流流动的状况，成片的绿树地带与附近的建筑地段之间，因两者升降温速度不一，可出现差不多1米/秒的局地风或林源风。此外，成片的绿化可以调节风速，利用林带阻挡强风的吹袭（图5-6）。

　　噪声防治。防治噪声最根本的办法是控制声源，如在工业生产中改进设备，降低噪声强度；在城市交通方面，主要是改进交通工具。也可以采取一些消极的防护措施来防止噪声的干扰，如采用消声、隔声装置，限制机动车辆行驶范围，禁止鸣号等。此外，通过城市和居住区总体的合理布局、建筑群体的不同组合及利用绿化和地形等条件，亦有利于防止噪声（图 5-7）。

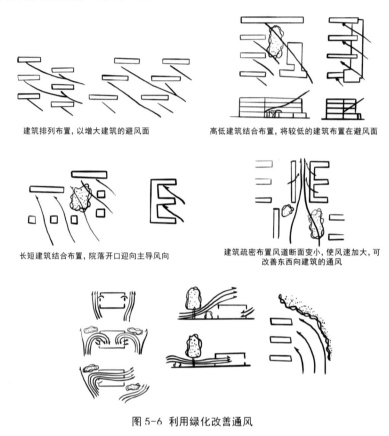

建筑排列布置，以增大建筑的避风面

高低建筑结合布置，将较低的建筑布置在避风面

长短建筑结合布置，院落开口迎向主导风向

建筑疏密布置风道断面变小，使风速加大，可改善东西向建筑的通风

图 5-6 利用绿化改善通风

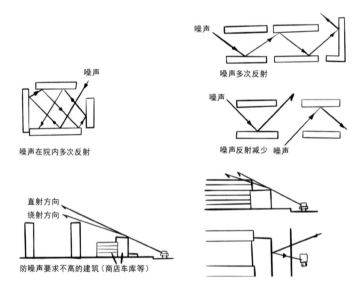

噪声多次反射

噪声在院内多次反射

噪声反射减少

防噪声要求不高的建筑（商店车库等）

图 5-7 利用建筑布局减少噪声

绿化具有良好的反射和吸收声音的作用。据测定：绿篱能反射 75% 的噪声，枝叶蓬松的树木，树叶面积与密度越大，吸声越好，如在夏季可吸声 7 ～ 9 分贝，在秋季落叶后还能平均降低噪声 3 ～ 4 分贝；当树木成群布置时，在 200 ～ 3 000 赫兹范围内的声音经过浓厚的乔木及灌木丛后，可减低 7 分贝。因此在居住区或道路上充分利用绿化材料来阻隔声，将可以收到良好的功效（图 5-8）。

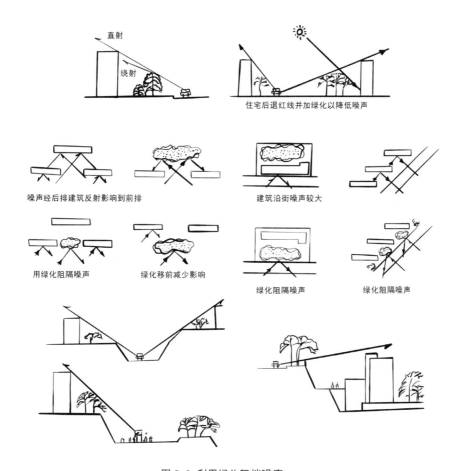

图 5-8 利用绿化阻挡噪声

利用人工障壁，一般采用吸声或隔声效果较好的材料来做隔声障壁，一些城市中的高架道路两侧，为了隔离交通噪声，也有采用轻质的防噪声墙的。

（四）住宅间距

住宅间距应以满足日照要求为基础，综合考虑采光、通风、消防、防灾、管线埋设、视觉卫生等要求确定。

住宅日照标准应符合一定的规定，对于特定情况还应符合下列规定：老年人居住建筑不应低于冬至日日照 2 小时的标准；在原设计建筑外增加设施不应使相邻住宅原有日照标准降低；旧区改建的项目内新建住宅日照标准可酌情降低。

表 5-5 住宅日照标准

气候区划	I、II、III、VII气候区		IV气候区		V、VI气候区
	大城市	中小城市	大城市	中小城市	
日照标准日	大寒日			冬至日	
日照时数（小时）	≥2		≥3		≥1
有效日照时间带（小时）	8~16			9~15	
计算起点	底层窗台面				

住宅正面间距，应按日照标准确定的不同方位的日照间距系数控制，也可采用表 5-6 中不同方位间距折减系数换算。

表 5-6 住宅间距折减系数

	0°~15°（含）	15°~30°（含）	30°~45°（含）	45°~60°（含）	>60°
折减值	1.0L	0.9L	0.8L	0.9L	0.95L

注：①表中方位为正南向(0°)偏东、偏西的方位角。②L为当地正南向住宅的标准日照间距(米)。③本表指标仅用于无其他日照遮挡的平行布置条式住宅之间。

住宅侧面间距，应符合下列规定：条式住宅，多层之间不宜小于 6 米；高层与各种层数住宅之间不宜小于 13 米；高层塔式住宅、多层和中高层点式住宅与侧面有窗的各种层数住宅之间应考虑视觉卫生因素，适当加大间距。

（五）住宅布置原则

住宅布置应符合下列规定：选用环境条件优越的地段布置住宅，其布置应合理紧凑；面街布置的住宅，其出入口应避免直接开向城市道路和居住区级道路；在 I、II、IV、VII建筑气候区，主要考虑住宅冬季的日照、防寒、保温与防风沙的侵袭；在III、IV建筑气候区，主要考虑住宅夏季防热，组织自然通风、导风入室等要求；在丘陵和山区，除考虑住宅布置与主导风向的关系外，还应重视因地形变化而产生的地方风对住宅建筑防寒、保温或自然通风的影响；老年人居住建筑宜靠近相关服务设施和公共绿地。

八、公共服务设施及其用地的规划布置

居住区公共服务设施（也称配套公建），包括八类设施。居住区配套公建的配建

水平，必须与居住人口规模相对应，并应与住宅同步规划、同步建设和同时投入使用。居住区配套公建的项目，应以千人总指标和分类指标进行控制。

（一）居住区配套公建的分类

居住区内的公共服务设施一般根据使用性质和居民对其使用的频繁程度进行分类。按公共服务设施的使用性质可分为以下八大类：

教育：包括托儿所、幼儿园、小学、中学等。

医疗卫生：包括医院、诊所、卫生站等。

商业、服务：包括食品、菜市场、服装、棉布、鞋帽、家具、五金、交电、眼镜、钟表、书店、药房、饮食店、食堂、理发、浴室、照相、洗染、缝纫、综合修理、服务站、集贸市场和摩托车、小汽车、自行车存放处等。

文化、体育：包括影剧院、俱乐部、图书馆、游泳池、体育场、青少年活动站、老年人活动室、会所等。

金融邮电：包括银行、储蓄所、邮电局、邮政所、证券交易所等。

行政管理：包括商业管理街道办事处、居民委员会、派出所、物业管理等。

市政公用：包括公共厕所、变电所、消防站、垃圾站、水泵房、煤气调压站等。

其他：包括居住区内和街道的工业、手工业等。

按居民对公共服务设施的使用频繁程度分类，居住区公共服务设施可分为居民每日或经常使用的公共服务设施和居民必要的非经常使用的公共服务设施。

按营利与非营利性，居住区公共服务设施又可分为营利性和非营利性的（公益性）两大类。当规划用地内的居住人口规模介于组团和小区之间或小区和居住区之间时，除配建下一级应配建的项目外，还应根据所增人数及规划用地周围的设施条件，增配高一级的有关项目及增加有关指标；旧区改建和城市边缘的居住区，其配建项目与千人总指标可酌情增减，但应符合当地城市规划行政主管部门的有关规定。

表 5-7 公共服务设施控制指标　　　　单位：平方米／千人

总指标		居住区		小区		组团	
		建筑面积	用地面积	建筑面积	用地面积	建筑面积	用地面积
		1 668～3 293 （2 228～4 213）	2 172～5 559 （2 762～6 329）	968～2 397 （1 338～2 977）	1 091～3 835 （1 491～4 585）	362～856 （703～1 356）	488～1 058 （868～1 578）
其中	教育	600～1 200	1 000～2 400	330～1 200	708～2 400	160～400	300～500
	医疗卫生（含医院）	78～198 （178～398）	138～378 （298～548）	38～98	78～228	6～20	12～40
	文体	125～245	225～645	45～75	65～105	18～24	40～60
	商业服务	708～910	600～940	450～750	100～600	150～370	100～400
	社区服务	59～464	76～668	59～292	76～328	19～32	16～28
	金融邮电（含银行、邮电局）	20～30 （60～80）	25～50	16～22	22～34	—	—
	市政公用（含居民存车处）	40～150 （460～820）	70～360 （500～960）	30～140 （400～720）	50～140 （450～760）	9～10 （350～510）	20～30 （400～550）
	行政管理其他	46～96	37～72	—	—	—	—

注：①居住区级指标含小区和组团级指标，小区级含组团级指标；②公共服务设施总用地的控制指标应符合表中的规定；③总指标未含其他类，使用时应根据规划设计要求确定本类面积指标；④小区医疗卫生类未含门诊所；⑤市政公用类未含锅炉房。在采暖地区应自行确定。

（二）公共服务设施指标的制定和计算方法

居住区公共服务设施定额指标包括建筑面积和用地面积两个方面（表 5-8），其应配置的公共服务设施各项目见表 5-9。其计算方法有"千人指标"。千人指标，即每千名居民拥有的各项公共服务设施的建筑面积和用地面积。

表 5-8 公共服务设施各项目的设置规定

类别	项目名称	服务内容	设置规定	每处一般规模	
				建筑面积（平方米）	用地面积（平方米）
教育	托儿所	保教小于3周岁儿童	a. 设于阳光充足、接近公共绿地、便于家长接送的地段 b. 托儿所每班按25座计；幼儿园每班按30座计 c. 服务半径不宜大于300米；层数不宜高于3层 d. 三班和三班以下的托、幼园所可混合设置，也可附设于其他建筑，但应有独立院落和出入口，四班和四班以上的托、幼园所均应独立设置	—	4班：≥1 200 6班：≥1 400 8班：≥1 600
	幼儿园	保教学龄前儿童	a. 八班和八班以上的托、幼园所，其用地应分别按每座不小于7平方米或9平方米计 b. 托、幼建筑宜布置于可挡寒风的建筑物的背风面，但其主要房间应满足冬至日不少于2小时的日照标准 c. 活动场地应有不少于1/2的活动面积在标准的建筑日照阴影线之外		4班：≥1 500 6班：≥2 000 8班：≥2 400
	小学	6~12周岁儿童	a. 学生上下学穿越城市道路时，应有相应的安全措施 b. 服务半径不宜大于500米 c. 教学楼应满足冬至日不小于2小时的日照，标准不限	—	12班：≥6 000 18班：≥7 080 24班：≥8 000
	中学	12~18周岁青少年	a. 应符合现行国家标准《中小学校建筑设计规范》的规定 b. 在拥有3所或3所以上中学的居住区或居住地区内，应有一所设置400米环形跑道的运动场 c. 服务半径不宜大于1000米 d. 教学楼应满足冬至日不小于2小时的日照标准	—	18班：≥11 000 24班：≥12 000 30班：≥14 000
医疗卫生	医院	含社区卫生服务中心	a. 宜设于交通方便，环境较安静地段 b. 10万人左右则应设一所拥有300~400床的医院； c. 病房楼应满足冬至日不小于2小时的日照标准	12 000~18 000	15 000~25 000
	门诊所	或社区卫生服务中心	a. 一般3~5万人设一处，设医院的居住区不再设立门诊 b. 独立地段小区，酌情设门诊所，一般小区不设	2 000~3 000	3 000~5 000
	卫生站	社区卫生服务站	1~1.5万人设一处	300	500
	护理院	健康状况较差或恢复期老年人日常护理	a. 最佳规模为100~150床位 b. 每床位建筑面积大于或等于30平方米 c. 可与社区卫生服务中心合设	3 000~4 500	—

（续表）

文化体育	文化活动中心	小型图书馆、科普知识宣传与教育；影视厅、舞厅、游艺厅、球类、棋类活动室；科技活动、各类艺术训练班及青少年和老年人学习活动场地用房等	宜结合或靠近同级中心绿地安排	4 000~6 000	8 000~12 000
	文化活动站	书报阅览、书画、文娱、健身、音乐欣赏、茶座等主要供青少年和老年人活动	a.宜结合或靠近同级中心绿地安排 b.独立性组团也应设置本站	400~600	1 000~1 500
	居民运动场、馆	健身场地	宜设置60~100米直跑道和200米环形跑道及单项运动设施	—	10 000~15 000
	居民健身设施	篮球、排球及小型球类场地，儿童及老年人活动场地和其他简单运动设施等	宜结合绿地安排	—	—
商业服务	综合食品店	粮油、副食、糕点和干鲜果品等	a.服务半径：居住区不宜大于500米，居住小区不宜大于300米，基层网点（综合副食店、菜店、早点铺等）及自行车存车处，不宜大于300米 b.地处山坡地的居住区，其商业服务设施的布点，除满足服务半径的要求外，还应考虑上坡空手、下坡负重的情况	居住区：500~2 500 小区：800~1 500	—
	综合百货店	日用百货、鞋帽、服装、布匹、五金及家用电器等		居住区：2 000~3 000 小区：400~600	—
	餐饮	主食、早点、快餐、正餐等	a.服务半径：居住区不宜大于500米，居住小区不宜大于300米，基层网点（综合副食店、菜店、早点铺等）及自行车存车处，不宜大于300米 b.地处山坡地的居住区，其商业服务设施的布点，除满足服务半径的要求外，还应考虑上坡空手、下坡负重的情况	—	—
	中西药店	汤药、中成药及西药等		200~500	—
	书店	书刊及音像制品		150~300	—
	市场	以销售农副产品和小商品为主	设置方式应根据气候特点与当地传统的集市要求而定	居住区：1 000~1 200 小区：500~1000	居住区：1 500~2 000 小区：800~1 500
	便民店	小百货、小日杂	宜设于组团的出入口附近	—	—
	其他第三产业设施	零售、洗染、美容美发、照相、影视文化、休闲娱乐、洗浴、旅店、综合修理以及辅助就业设施等	具体项目、规模不限	—	—

（续表）

			具体项目、规模不限	800~1 000	400~500
金融邮电	银行	分理处	具体项目、规模不限	800~1 000	400~500
	储蓄所	储蓄为主	宜与商业服务中心结合或邻近设置	100~150	—
	电信支局	电话及相关业务等	根据专业规划需要设置	1 000~2 500	600~1 500
	邮电所	邮电综合业务包括电报、电话、信函、包裹、兑汇和报刊零售等	宜与商业服务中心结合或邻近设置	100~150	—
社区服务	社区服务中心	家政服务、就业指导、中介、咨询服务、代客定票、部分老年人服务设施等	每小区设置一处，居住区也可合并设置	200～300	300～500
	养老院	老年人全托式护理服务	a. 一般规模为150~200床位 b. 每床位建筑面积大于或等于40平方米	—	—
	托老所	老年人日托（餐饮、文娱、健身、医疗保健等）	a. 一般规模为30～50床位 b. 每床位建筑面积20平方米 c. 宜靠近集中绿地安排，可与老年活动中心合并设置	—	—
市政公用	残疾人托养所	残疾人全托式护理	—	—	—
	治安联防站	—	可与居（里）委会合设	18～30	12～20
	居（里）委会（社区用房）	300~1000户设一处		30～50	
	物业管理	建筑与设备维修、保安、绿化、环卫管理等	—	300～500	300
	供热站或热交换站	—	—	根据采暖方式确定	
	变电室	—	a. 每个变电室负荷半径不应大于250米 b. 尽可能设于其他建筑内	30～50	
	开闭所	—	a. 1.2~2万户设一所 b. 独立设置	200～300	
	路灯配电室	—	可与变电室合设于其他建筑内	20～40	
	燃气调压站	—	a. 按每个中低调压站负荷半径500米设置 b. 无管道燃气地区不设	50	
	高压水泵房	—	一般为低水压区住宅加压供水附属工程	40～60	
	公共厕所	—	每1 000～1 500户设一处；宜设于人流集中处	30～60	
	垃圾转运站	—	a. 应采用封闭式设施，力求垃圾存放和转运不外露 b. 当用地规模为0.7～1.0平方千米设一处，每处面积不应小于100平方米，与周围建筑物的间隔不应小于5米	—	

141

市政公用	垃圾收集点	—	服务半径不应大于70米，宜采用分类收集	—	
	居民存车处	存放自行车、摩托车	宜设于组团内或靠近组团设置，可与居（里）委会合设于组团的入口处	1～2辆/户；地上0.8～1.2平方米/辆；地下1.5～1.8平方米/辆	
	居民停车场、库	存放机动车	服务半径不宜大于150米	—	—
	公交始末站	—	可根据具体情况设置	—	—
	消防站	—	可根据具体情况设置	—	—
	燃料供应站	煤或罐装燃气	可根据具体情况设置	—	—
行政管理及其他	供热站或热交换站	—	—	根据采暖方式确定	
	市政管理机构(所)	供电、供水、雨污水、绿化、环卫等管理与维修	宜合并设置	—	—
	派出所	户籍治安管理	a.3～5万人设一处 b.应有独立院落	708～1 000	600
	其他管理用房	市场、工商税务、粮食管理等	a.3～5万人设一处 b.可结合市场或街道办事处设置	100	—
	防空地下室	掩蔽体、救护站、指挥所等	在国家确定一、二类人防重点城市中，凡高层建筑下设满堂人防，另以地面建筑面积的2%配建。出入口宜设于交通方便的地段，考虑平战结合	—	—

表 5-9 公共服务设施各项目的配置规定

类别	项目	居住区	小区	组团
教育	托儿所	—	▲	△
	幼儿园	—	▲	—
	小学	—	▲	—
	中学	▲	—	—
医疗卫生	医院（200~300床）	▲	—	—
	门诊所	▲	—	—
	卫生站	—	▲	—
	护理院	△	—	—
文化体育	文化活动中心（含青少年活动中心、老年活动中心）	▲	—	—
	文化活动站（含青少年、老年活动站）	—	▲	△
	居民运动场、馆	△	▲	—
文化体育	居民健身设施（含老年户外活动场地）	—	▲	△
商业服务	综合食品店	▲	▲	▲
	综合百货店	▲	▲	▲
	餐饮	▲	▲	▲
	中西药店	▲	△	—
	书店	▲	△	—
	市场	▲	△	—
	便民店	—	—	▲
	其他第三产业设施	▲	△	—
金融邮电	银行	△	—	—
	储蓄所	—	▲	—
	电信支局	△	—	—
	邮电所	—	▲	—
社区服务	社区服务中心（含老年人服务中心）	—	▲	—
	养老院	△	—	—
	托老所	—	△	—
	残疾人托养所	△	—	—
	治安联防站	—	—	▲
	居（里）委会（社区用房）	—	—	▲
	物业管理	—	▲	—
市政公用	供热站或热交换站	△	△	△
	变电室	—	▲	△
	开闭所	▲	—	—
	路灯配电室	—	▲	—
	燃气调压站	△	△	—
	高压水泵房	—	—	△
	公共厕所	▲	▲	—
	垃圾转运站	△	△	—
	垃圾收集点	—	—	▲
	居民存车处	▲	▲	—
	居民停车场、库	△	△	△
	公交始末站	△	△	—
	消防站	△	—	—
	燃料供应站	△	△	—
行政管理及其他	街道办事处	▲	—	—
	市政管理机构（所）	▲	—	—
	派出所	▲	—	—
	其他管理用房	▲	—	—
	防空地下室	△	△	△

注：▲为应配建的项目，△为宜配建的项目。

（三）公共服务设施的规划布置

1. 规划布置的要求

公共服务设施规划应按照分级（主要依据居民对公共服务设施使用的频繁程度）、对口（指人口规模）、配套（成套配置）和集中与分散相结合的原则进行，一般与居住区的规划结构相适应。此外，公共服务设施的规划应该便于居民使用。各级公共服务设施应有合理的服务半径，一般为：

居住区级 800 ~ 1 000 米。

居住小区级 400 ~ 500 米。

居住组团级 150 ~ 200 米。

公共服务设施应设在交通比较方便、人流比较集中的地段，应考虑职工和上下班的走向。

如为独立的工矿居住区或地处市郊的居住区，则应在考虑附近地区和农村使用方便的同时，还要保持居住区内部的安宁。

各级公共服务中心宜与相应的公共绿地相邻布置，体现城市建筑面貌的地段。

2. 规划布置的方式

居住区配套公建各项目的规划布局，应符合下列规定：根据不同项目的使用性质和居住区的规划布局形式，采用相对集中与适当分散相结合的方式合理布局，有利于发挥设施效益，方便经营管理、使用和减少干扰；商业服务与金融邮电、文体等有关项目宜集中布置，形成居住区各级公共活动中心；基层服务设施的设置应方便居民，满足服务半径的要求。配套公建的规划布局和设计应考虑未来发展需要。

居住区公共服务设施规划布置的方式基本上可分为两种，即按二级或三级布置。

第一级（居住区级）。公共服务设施项目主要包括一些专业性的商业服务设施和影剧院、俱乐部、图书馆、医院、街道办事处、派出所、房管所、邮电、银行等为全区居民服务的机构。

第二级（居住小区级）。主要包括菜站、综合商店、小吃店、物业管理、会所、幼托、中小学等。

第三级（居住组团级）。主要包括居委会、青少年活动室、老年活动室、服务站、小商店等。

第二级和第三级的公共服务设施都是居民日常必需的，通称为基层公共服务设施，这些公共服务设施可以分成二级，也可不分。

中小学是居住小区级公共服务设施中占地面积和建筑面积最大的项目，中小学的规划布置应保证学生(特别是小学生)能就近上学，一般小学的服务半径为500米左右，中学为1 000米左右。中小学的布置一般应设在居住区或小区的边缘比较僻静的地段，不宜在交通频繁的城市干道或铁路干线附近布置，以免噪声干扰。同时也应注意学校本身对居民的干扰，要与住宅保持一定的距离，可与其他一些不怕吵闹的公共服务设施相邻布置。

3. 配建公共停车场

居住区内公共活动中心、集贸市场和人流较多的公共建筑，必须配建相应的公共停车场(库)。配建公共停车场(库)的停车位控制指标，应符合表5-10的规定。配建停车场(库)应就近设置，并宜采用地下或多层车库。

表 5-10 配建公共停车场（库）停车位控制指标

	单位	自行车	机动车
公共中心	车位/100平方米建筑面积	≥ 7.5	≥ 0.45
商业中心	车位/100平方米营业面积	≥ 7.5	≥ 0.45
集贸市场	车位/100平方米营业场地	≥ 7.5	≥ 0.30
饮食店	车位/100平方米营业面积	≥ 3.6	≥ 0.30
医院、门诊所	车位/100平方米建筑场地	≥ 1.5	≥ 0.30

注：本表机动车停车位以小型汽车为标准当量展示。

九、居住区道路和交通的规划布置

居住区道路是城市道路的延续，是居住空间和环境的一部分。

（一）居住区道路的分级

居住区内部道路既是交通空间，又是生活空间。

根据功能要求和居住区规模的大小，居住区道路一般可分为三级或四级。

第一级：居住区级道路。作为居住区的主要道路，用以解决居住区内外交通的联系，道路红线宽度一般为20～30米。车行道宽度不应小于9米，如需通行公共交通时，应增至10～14米，人行道宽度为2～4米不等。居住区级道路在大城市中通常与城市支路同级。居住区级道路一般用以划分小区的道路。

第二级：居住小区级道路。作为居住区的次要道路，用以解决居住区内部的交通联系。道路红线宽度一般 10 ～ 14 米，车行道宽度 6 ～ 9 米，人行道宽 1.5 ～ 2 米。居住小区级道路一般用以划分组团的道路。

第三级：住宅组团级道路。作为居住区内的支路，用以解决住宅组群的内外交通联系，车行道宽度一般为 3 ～ 5 米。住宅组团级道路上接小区路、下连宅间小路的道路。

第四级：宅间小路。宅间小路是通向各户或各单元门前的小路，住宅建筑之间连接各住宅人口的道路，一般宽度不小于 2.5 米。

此外，在居住区内还可有专供步行的林荫步道，其宽度根据规划设计的要求而定。

（二）道路规划设计的原则

居住区的道路规划，应遵循下列原则：

根据地形、气候、用地规模、用地四周的环境条件、城市交通系统以及居民的出行方式，应选择经济便捷的道路系统和道路断面形式。

小区内应避免过境车辆的穿行，道路通而不畅，避免往返迂回，并适于消防车、救护车、商店货车和垃圾车等车辆的通行。

有利于居住区内各类用地的划分和有机联系，以及建筑物布置的多样化。

当公共交通线路引入居住区内部，应减少交通噪声对居民的干扰。

在地震烈度不低于 6 度的地区，应考虑防灾救灾要求。

满足居住区的日照通风和地下工程管线的埋设要求。

城市旧城区改造，其道路系统应充分考虑原有道路特点，保留并利用有历史文化价值的街道。

便于居民汽车的通行。

（三）道路规划设计的基本要求

居住区道路系统应根据功能要求进行分级，不应有过境交通穿越居住区。居住小区不宜有过多的车道出口通向城市交通干道。可用平行于城市交通干道的支路来解决居住区通向城市交通干道出口过多的矛盾。

道路走向要便于职工上下班，尽量减少反向交通。住宅与最近的公共交通站之间的距离不宜大于 500 米。

应充分利用和结合地形，如尽可能结合自然分水线和汇水线，以利雨水排出。在南方多河地区，道路宜与河流平行或垂直布置，以减少桥梁和涵洞的投资。在丘陵地区则应注意减少土石方工程量，以节约投资。

在进行旧居住区改建时，应充分利用原有道路和工程设施。

车行道一般应通至住宅建筑的入口处，建筑物外墙面与人行道边缘的距离应不小于1.5米，与车行道边缘的距离不小于3米。

尽端式道路长度不宜超过120米，在尽端处应能便于回车。

如车道宽度为单车道时，每隔150米左右应设置车辆互让处。

道路宽度应考虑工程管线的合理敷设。

道路的线型、断面等应与整个居住区规划结构和建筑群体的布置有机地结合。

应考虑为残疾人设计无障碍通道。

（四）居住区道路系统的基本形式

居住区内动态交通组织可分为"人车分行"的道路系统、"人车混行"的道路系统和"人车共存"的道路系统三种基本形式。

1. 人车分行的道路系统

这种形式是由车行和步行两套独立的道路系统组成，1933年在美国新泽西州的雷德朋规划中首次采用并实施。雷德朋新镇规划面积为500公顷，人口2.5万，分三个邻里单位；实际建成为30公顷，人口1 500人。这种人车分行的道路系统较好地解决了私人小汽车和人行的矛盾，在私人小汽车较多的国家和地区广为采用，并称为"雷德朋系统"（图5-9）。

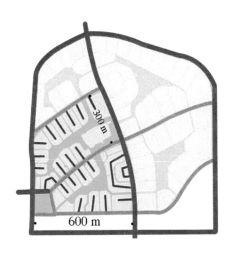

图5-9 美国雷德朋人车分行的道路系统

2. 人车混行的道路系统

"人车混行"是居住区内最常见的居住区交通组织方式，这种方式在私人小汽车数量不多的国家和地区比较适合，特别对一些居民以自行车和公共交通出行为主的城市更为适用，我国目前大多数城市基本都采用这种方式（图 5-10）。

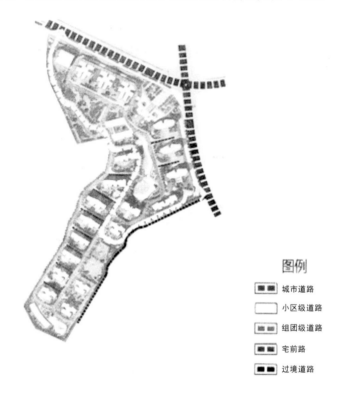

图例

■■ 城市道路

☐ 小区级道路

■■ 组团级道路

■■ 宅前路

■■ 过境道路

图 5-10 某居住小区规划道路分析图

3. 人车共存的道路系统

1970 年，荷兰的德尔沃特最先采用了"人车共存"的道路系统，这一系统之后在德国、日本等其他一些国家被广泛采用。这种道路系统更加强调人性化的环境设计，认为人车不应是对立的，而应是共存的。其将交通空间与生活空间作为一个整体，使街道重新恢复勃勃生机。研究表明，通过将汽车速度降低到步行者的速度时，汽车产生的危害如交通事故、噪声和振动等也大为减轻。实践证明，只要城市过境交通和与居住区无关车辆不进入居住区内部，并对街道的设施采用多弯线型、缩小车行宽度、不同的路面铺砌、路障、驼峰以及各种交通管制手段等技术措施，人行和车行是完全可以合道共存的。

（五）静态交通的组织

居住区内静态交通组织是指各类交通工具的存放方式，一般应以方便、经济、安全为原则，采用集中与分散相结合的布置方式，并根据居住区的不同情况可采用室外、室内、半地下或地下等多种存车方式。居民停车场、库的布置应方便居民使用，服务半径不宜大于150米，居民汽车停车率（居住区内居民汽车的停车位数量与居住户数的比率）不应小于10%，居民区内地面停车率不宜超过10%，居民停车场、库的布置应留有必要的发展余地。

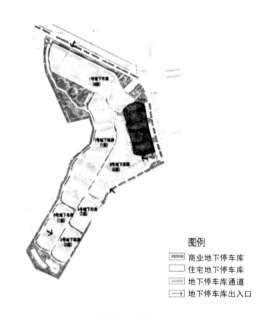

图例
- 商业地下停车库
- 住宅地下停车库
- 地下停车库通道
- 地下停车库出入口

图 5-11 某居住小区停车设施规划图

私人小汽车对居住区的外部环境质量带来极大的影响。虽然国家对机动车的停车指标没有统一的规定，但各省市根据本地的具体情况已制定相应的停车指标。广东省在1994年颁布的居住小区技术规范中规定，小区内应考虑设置居民小汽车、通勤车等存车场库：I类小区，每户设1～1.3个机动车位；II类小区，每户设0.7～1.0个机动车位；III类小区，每户设0.5～0.7个机动车位。

上海市新建居住建筑基地，位于中心城地区的，汽车停车率应不小于0.6辆／户，其中，浦西内环线以内地区的，应视周边地区配套情况适当增加；郊区汽车停车率，应高于中心城地区20%。

由于生活水平提高，生活节奏加快，汽车已经开始进入普通家庭。私家汽车的增多，对城市带来很大的压力，不要说造成城市空气的污染和动态交通中城市道路、立交桥所占用的空间，仅就静态交通停车泊位占地就十分可观。一部小汽车停在广场上要占 20 平方米左右的面积，停在独立的车库里要占 35 平方米左右的面积，如果白天、晚上合并考虑，则城市大致要提供每部汽车 40 平方米占地或 70 平方米的车库面积。据统计，在居住小区内每户多层住宅占地 35 平方米左右，高层住宅每户占地 23 平方米左右。相比之下，停车泊位占地对居住区规划带来的影响不能忽视。居住小区内停车用地的增加，势必挤占其他用地，造成居住环境的恶化。一般来说，居住户数的 10%～15% 的车停在地面上，对环境的影响不大。如果超过这个比例，停车地点就应另辟蹊径。目前有许多小区都采用地下（或独立）停车库，做到人车分流，不干扰庭院的安静。也有的采用地下机械停车或地上立体机械停车，这虽然也是一种可以节约土地的办法，但其运营费用可能会增加。

十、绿地规划

居住区内绿地，包括公共绿地、宅旁绿地、配套公建所属绿地和道路绿地，其中包括了满足当地植树绿化覆土要求，方便居民出入的地上或半地下建筑的屋顶绿地。公共绿地是满足规定的日照要求、适合于安排游憩活动设施、供居民共享的集中绿地，包括居住区公园、小游园和组团绿地及其他块状、带状绿地等。公共绿地的位置和规模，应根据规划用地周围的城市级公共绿地的布局综合确定。居住区内公共绿地的总指标，应根据居住人口规模分别达到：组团不少于 0.5 平方米 / 人，小区（含组团）不少于 1 平方米 / 人，居住区（含小区与组团）不少于 1.5 平方米 / 人，并应根据居住区规划布局统一安排、灵活使用。旧区改建可酌情降低，但不得低于相应指标的 70%。

（一）居住区绿地的功能

1. 改善小气候

在一般情况下，夏季树荫下的空气温度比露天的空气温度低 3℃～4℃，在草地上的空气温度比沥青地面的空气温度要低 2℃～3℃。

2. 净化空气

绿色植物通过光合作用，能吸收二氧化碳放出氧气，通常 1 公顷功能阔叶林每天消耗二氧化碳 1 吨,放出 0.73 吨氧气。如按一个成年人每天约呼出二氧化碳 0.9 千克、吸入 0.75 千克氧气计算,则平均每人需城市绿地 10 平方米。

3. 遮阳

浓密的树冠,可在炎热季节里遮阳,降低太阳的辐射热。

4. 隔声

在一般情况下,绿化可起到一定的防噪声功能,如 9 米宽的乔、灌木混合绿带可减少 9 分贝。

5. 防风、防尘

绿化能阻挡风沙,吸附尘埃。据测定,绿化的街道上距地面 1.5 米处空气的含尘量比没有绿化的低 56.7%。

6. 杀菌、防病

许多植物的分泌物有杀菌的作用,如树脂、橡胶等能杀死空气中的葡萄杆菌,一般情况下,城市马路空气中的含菌量比公园要多 5 倍。

7. 提供户外活动场地、美化居住环境

一个优美的绿化环境有助于人们消除疲劳,振奋精神,可为居民创造游憩交往场所。

(二)绿地规划的基本要求

一切可绿化的用地均应绿化,并宜发展垂直绿化。

宅间绿地应精心规划与设计;宅间绿地面积计算办法应符合有关规定。

绿地率:新区建设不应低于 30%;旧区改建不宜低于 25%。

居住区内的绿地规划,应根据居住区的规划布局形式、环境特点及用地的具体条件,采用集中与分散相结合,点、线、面相结合的绿地系统,并宜保留和利用规划范围内的已有树木和绿地。

居住区内的公共绿地,应根据居住区不同的规划布局形式,设置相应的中心绿地以及老年人、儿童活动场地和其他的块状、带状公共绿地等。

集中绿地宜沿城市道路布局。

(三)中心绿地规划的基本要求

中心绿地的设置应符合下列规定(表 5-11):

至少应有一个边与相应级别的道路相邻。

绿化面积（含水面）不宜小于 70%。

便于居民休憩、散步和交往之用，宜采用开敞式，以绿篱或其他通透式隔墙栏杆作分隔。

集中绿地的面积应不小于 400 平方米，且至少有 1/3 的绿地面积在标准的建筑日照阴影线范围之外，便于设置儿童游戏设施和适于成人游憩活动。

其他块状、带状公共绿地应同时满足宽度不小于 8 米、面积不小于 400 平方米。

绿化应该接近每一户住宅，真正做到每户的窗外都有绿树、鲜花和怡人的景观，让人们更贴近自然，能够时刻享受自然给人们带来的愉悦。居住小区环境设计更应注重庭院环境的绿化效果，有些小区设置了大片的公共草坪，这固然可以使人感到空间开阔舒展，但除了观赏之外，人们往往很难进入，这无形中推远了人和绿化的距离，人不能充分地享受绿化的效果。一棵树冠硕大的乔木往往比一片草坪的绿化效果更佳，而且人们还可以在树荫下纳凉、休憩。由于停车和绿地有矛盾，所以应提倡在地下车库上面建设绿化景观。另外还应提倡和鼓励在住宅的底层留出更多的公共开放空间，并且在指标计算中予以认可并给予优惠。屋顶绿化、垂直绿化，可以折算绿化指标。

居住区绿地是城市绿地系统的重要组成部分，它面广量大，且与居民关系密切，对改善居民生活坏境和城市生态环境也具有重要作用。

（四）居住区公共绿地的规划布置

1. 公共绿地

表 5-11 居住区各类中心绿地的规划设计要求

分级	住宅组团级	居住小区级	居住区级
类型	儿童和老人游戏、休息场	小游园	居住区公园
使用对象	儿童、老人	小区居民	居住区居民
设施内容	幼儿游戏设施、座凳椅、树木、花卉、草地等	儿童游戏设施、老年及成年人活动休息场地、运动场地、座凳椅、树木、花卉、凉亭、水池、雕塑等	儿童游戏设施运动场地、老年成年人活动场地、树木草地、花卉、水面、凉亭、休息廊、座凳、椅、雕塑等
用地面积	大于 4000 平方米	大于 4000 平方米	大于 10000 平方米
步行距离	3~4 分钟	5~8 分钟	8~15 分钟
布置要求	灵活布置	园内有一定的功能划分	园内有明确的功能划分

根据居民的使用要求、居住区的用地条件以及所处的自然环境等因素，居住区公共绿地可采用二级或三级的布置方式。此外还可结合文化商业服务中心和人流过往比较集中的地段设置小花园或街头小游园。

居住区公园主要供本区居民就近使用，面积约 1 公顷。居住区公园的内容除供居民游憩外，还可设置一些文体活动方面的内容。居住区公园的位置要适中，居民步行到达距离不宜超过 800 米，最好与居住区文化商业中心结合布置。居住区公园也可与体育场地和设施相邻布置。在一些独立的工矿企业的居住区，居住区公园及体育场地和设施应考虑单身青年职工的使用方便。居住区公园应由专人管理。

居住小区游园主要供居民就近使用，面积 0.5 平方米为宜，居民步行到达距离不宜超过 400 米，内部可设置一些比较简单的游憩和文体设施。居住小区游园的位置最好与居住小区的公共中心结合布置，方便居民使用。

小块公共绿地通常结合住宅组团布置。小块公共绿地是居民最接近的休息和活动场所，它主要供住宅组团内的居民（特别是老年人和儿童）使用。小块公共绿地的内容设置可根据具体情况灵活布置，有的以休息为主，有的以儿童活动为主，有的则以装饰观赏为主。

小块公共绿地结合成年人休息和儿童活动场、青少年活动场布置时，应注意不同的使用要求，避免相互干扰。

2. 公共建筑或公用设施附属绿地

附属绿地的规划布置首先应满足本身的功能需要，同时应结合周围环境的要求。此外，还可利用专用绿地作为分隔住宅组群的重要手段，并与居住区公共绿地有机地组成居住区绿地系统。

3. 宅旁和庭院绿地

居住区内住宅旁的绿化用地有着相当大的面积，宅旁绿地主要满足居民休息、幼儿活动及安排杂务等需要。宅旁绿地的布置方式随居住建筑的类型、层数、间距及建筑组合形式等的不同而变化。在住宅四周围，绿地还由于向阳、背阳和住宅平面组成的情况不同而应有不同的布置。如低层联立式住宅，宅前用地可以划分成院落，由住户自行布置，院落可围以绿篱、栅栏或矮墙；多层住宅的前后绿地可以组成公共活动的绿化空间，也可将部分绿地用围墙分隔，作为底层住户的独用院落；高层住宅的前后绿地，由于住宅间距较大，空间比较开敞，一般作为公共活动的场地。

在居住区，除了上述四种绿化用地外，还可通过对住宅建筑墙面、阳台和屋顶平台等的绿化来增加居住环境的绿化效果。

4. 街道绿化

街道绿化是普遍绿化的一种方式。它对居住区的通风、调节气温、减少交通噪声以及美化街景等有良好的作用，且占地不多，遮荫效果好，管理方便。居住区道路绿化的布置要根据道路的断面组成走向和地上地下管线敷设的情况而定。居住区主要道路和职工上下班必经之路的两侧应绿树成荫，这对南方炎热地区尤为重要。一些次要通道就不一定两边都种植行道树，有的小路甚至可以断续灵活地栽种树木。在道路靠近住宅时，要注意树木对住宅通风、日照和采光的影响。行道树带宽一般不应小于 1.0 米。在旧区，当人行道较窄而人流又较大时，可采用树池的方式。树池的最小尺寸为 1.2 米 ×1.2 米。在道路交叉口的视距三角形内，不应栽植高大乔、灌木，以免妨碍驾驶员的视线。

（五）居住区绿化的树种选择和植物配置

居住区绿化种类的选择和配置对绿化的功能、经济和美化环境等各方面作用的发挥具有重要影响。在选择和配置植物时，原则上应考虑以下几点：

对于量大而普遍的绿化，宜选择易管、易长、少修剪、少虫害、具有地方特色的优良树种，一般以乔木为主，也可考虑一些有经济价值的植物。在一些重点绿化地段，如居住区入口处或公共活动中心，可选种一些观赏性的乔、灌木或少量花卉。

应考虑绿化功能的需要，行道树宜选用遮阳强的落叶乔木，儿童游戏场和青少年活动场地忌用有毒或带刺植物，而体育运动场地则避免采用大量扬花、落果、落花的树木等。

为了迅速形成居住区的绿化面貌，特别在新建居住区，可采用速生或慢生相结合的树种，以速生的树种为主。

居住区绿化树种配置应考虑四季景色的变化，可采用乔木与灌木、常绿与落叶以及不同树姿和色彩变化的树种，搭配组合，以丰富居住环境。

绿化树种的选择与配置是绿化专业一项细致的设计工作，也是居住区规划设计中应予配合和考虑的问题。绿化的规划布置与植物配置在目的与内容上一致，方可达到预期的绿化效果。

居住区各类绿化种植与建筑物、管线和构筑物的间距如表 5-12 所示。

表 5-12 种植树木与建筑物、管线、构筑物的水平距离

单位：米

名称	最小间距		名称	最小间距	
	至乔木中心	至灌木中心		至乔木中心	至灌木中心
有窗建筑物外墙	3.0	1.5	给水管、闸	1.5	不限
无窗建筑物外墙	2.0	1.5	污水管、雨水管	1.0	不限
道路侧面、土墙脚、陡坡	1.0	0.5	电力电缆	1.5	
人行道边	0.75	0.5	热力管	2.0	1.0
2 米以下的围墙	1.0	0.75	弱电电缆沟、电力电讯杆、路灯电杆	2.0	
体育场地	3.0	3.0	消防龙头	1.2	1.2
排水明沟边缘	1.0	0.5	煤气管	1.5	1.5
测量水准点	2.0	2.0			

十一、居住区外部环境的规划设计

居住区外部环境的质量对居住生活的质量十分重要，越来越受到人们的重视。居民在选择住房的观念中，其外部环境已成为选购住房的一个重要因素。

（一）居住区外部环境设计的内容

居住区整体环境的色彩（包括建筑的外部色彩）。

绿地的设计。

道路与广场的铺设材料和方式。

各类场地和设施的设计（儿童游戏场、老年活动休息场地、健身场地、青少年体育活动场地、小汽车存车场等）。

竖向设计。

室外照明设计。

环境设施小品的布置和造型设计（或选用）。

环境设施小品包括以下一些内容：

建筑小品——休息亭、廊、书报亭、售货亭、钟塔、门卫等。

装饰性小品——雕塑、喷水池、叠石、壁画、花台、花盆等。

公用设施小品——电话亭、自行车或小汽车存车棚、分类垃圾箱、废物箱、公共厕所、各类指示标牌等。

市政设施小品——水泵房、煤气调压站、变电站、电话交换站、消防栓、灯柱、灯具等。

工程设施小品——斜坡和护坡、堤岸、台阶、挡土墙、道路缘石、雨水口、路障、驼峰、窨井盖、管线支架等。

铺地——车行道、步行道、存车场、休息广场等。

游憩健身设施小品——戏水池、儿童游戏器械、沙坑、座椅、座凳、桌子、体育场地、健身器械等。

（二）居住区外部环境设计的基本要求

整体性——即符合居住区外部环境整体设计要求以及总的设计构思。

生态性——生态效益。

实用性——满足使用要求。

艺术性——美观的要求。

趣味性——要有生活情趣，特别是一些儿童游戏器械对此要求更强烈，要适应儿童的心理要求。

地方性——如绿化的树种要适合当地的气候条件，环境设施小品的造型、色彩和图案等的设计能体现地方和民族的特色。

大量性——符合工业化生产的要求，如儿童游戏器械、彩色混凝土地砖等。

经济性——要控制与住宅综合造价的适当比例。

（三）居住区内各类室外场地的规划设计

1. 儿童游戏场地

儿童在居住区总人口中占有相当的比例，他们的成长与居住环境，特别是室外活动环境关系十分密切，因此，在居住区为儿童们创造良好的室外游戏场所，对促进儿童智力和身心的健康发展有着十分重要的作用。很多国家对修建儿童游戏场地十分重视，将儿童游戏场地的建设作为国家的一项要求，成为居住区规划建设中不可分割的一部分。如德国在 1960 年至 1975 年间共建了 2.6 万个儿童游戏场，日本大阪市在 1968 年至 1973 年内修建了带有设施的儿童游戏场地 1 000 个。修建儿童游戏场地也能够吸引住户，提高房产的品质和等级。

（1）规划布置

儿童游戏场地是居住区绿化系统中的一项组成内容，它的规划布置应与居住区内居民公共使用的各类绿地相结合。由于儿童年龄和性别的不同，其体力、活动量、甚至兴趣爱好等也随之而异，故在规划布置时，应考虑不同年龄儿童的特点和需要，一般可分为幼儿（2岁以下）、学龄前儿童（3～6岁）、学龄儿童（6～12岁）三个年龄组。幼儿一般不能独立活动，需由成人带领，活动量也较小，可与成年、老年人休息活动场地结合布置；学龄前儿童的活动量、能力、胆量都不大，有强烈的依恋家长的心理，所以场地宜在住宅近旁，最好在家长从户内通过窗口视线能及的范围内，或与成年、老年人休息活动场地结合布置；学龄儿童随着年龄、体力和知识的增长，活动范围也随之扩大，对住户的噪声干扰也较大，因此在规划布置时最好与住宅有一定的距离，以减少对住户的干扰。儿童游戏场地不宜太大，以免儿童过于集中。此外，儿童游戏场地的规划布置必须考虑使用方便（合理的服务半径）与安全（无穿越交通），以及场地本身的日照、通风、防风、防晒和防尘等要求。

（2）儿童游戏场地的面积指标

我国目前对儿童游戏场地的面积指标尚无统一的规定，世界各国的具体情况也不同。据欧洲经委会1967年对欧洲13个国家（包括苏联和美国）的统计，儿童游戏场地的面积在每居民0.5～4平方米之间，可见相差的幅度也很大。1980年原国家建委制定的《城市规划定额指标暂行规定》中将居住区公共绿地的定额指标定为2～4平方米。其中居住区公共绿地为1.5平方米，居住小区的公共绿地为1.2平方米。根据上述情况，参考国内外有关资料，我们建议各类儿童游戏场地的用地指标控制在0.1平方米／人（表5-13）。

2. 成年和老年人休息、健身活动场地

在居住区内，为成年和老年人创造良好的室外休息、健身活动场地十分重要，特别是随着居民平均年龄的不断增加以及老年退休职工人数的日益增多，这一需求显得更为突出。成年和老年人的室外活动主要是打拳、聊天、社交、下棋、晒太阳、乘凉等。成年和老年人休息、健身活动场地宜布置在环境比较安静、景色较为优美的地段，一般可结合居民公共使用的绿地单独设置，也可与儿童游戏场地结合布置。

表 5-13 各类儿童游戏场地的定额指标与布置要求

名称	年龄（岁）	位置	场地规模（平方米）	内容	服务户数	离住宅入口的距离（米）	平均每人面积（平方米）
幼儿、学龄前儿童游戏场	＜3 3～6	住户能照看到的范围、住宅入口附近	100～150	硬地、坐凳、沙坑沙地等	60～120	50	0.03～0.04
学龄前儿童游戏场	6～12	结合公共绿地布置	400～500	多功能游戏器械、游戏雕塑、戏水池、沙地等	400～600	200～250	0.20～0.25
青少年活动场地	12～16	结合小区公共绿地布置	600～1 200	运动器械、多功能球场	800～1 000	400～500	0.20～0.25

3. 晒衣场地

居民晾晒衣物是日常生活之必需，特别是在湿度较大的地区或季节尤为重要。目前居住区内居民的晒衣问题主要通过住宅设计来解决，如利用阳台或在窗台装置晒衣架，还有的将屋顶作为晒衣场等。但当有大件或大量衣物需要曝晒时，往往会感到地方不够，需利用室外场地来解决。

室外晒衣场地的布置应考虑：就近方便、能随时看管；阳光充分、曝晒时间长；防风、防灰尘、避免污染。有条件时，可在场地四周围以栅栏，以便管理。

4. 垃圾储运场所

十几年来，垃圾已成为日益严重的城市环境问题。据统计，国外一些城市，如东京、伦敦、巴黎的垃圾量平均每人每天超过 1 千克，纽约达 2 千克，我国的上海平均每人每天为 0.4 千克。居住区内的垃圾主要是生活垃圾，这些垃圾的集收和运送一般有以下几种方式：

居民将垃圾送至垃圾站或集收点，然后由垃圾集收车定时运走。

居民将垃圾分类装入塑料袋内送至垃圾集收站，然后由垃圾集收车送至转运站。

采用自动化的风洞垃圾清理系统来清除垃圾，即将垃圾沿地下管道直接送至垃圾处理厂或垃圾集中站。

为保护环境，废物充分利用，应推广垃圾分类收集。

（四）居住区环境设施小品的规划设计

居住区环境设施小品是居民室外活动必不可少的内容，它们对美化居住区环境和满足居民的精神生活起着十分重要的作用。

1. 建筑小品

休息亭、廊大多结合居住区和居住小区的公共绿地布置，也可布置在儿童游戏场地内，用以遮阳和休息；钟塔可结合建筑物设置，也可单独设置在公共绿地或人行休息广场；居住区、小区和住宅组团的主要出入口，可结合围墙做成各种形式的门洞。

2. 装饰小品

装饰小品是美化居住区环境的重要内容，它们主要结合各级公共绿地和公共活动中心布置。水池和喷水池还可调节小气候。装饰性小品除了能活泼和丰富居住区面貌还可成为居住区、居住小区和住宅组团的主要标志。

3. 公用设施小品

公用设施小品名目和数量繁多，它们的规划和设计在主要满足使用要求的前提下，其造型和色彩等都应精心地考虑，特别如垃圾箱、废物筒等，它们与居民的生活密切相关，既要方便群众，但又不能设置过多；照明灯具根据不同的功能要求有街道、广场和庭园等照明灯具之分，其造型、高度和规划布置应视不同的功能和艺术等要求而异；公用设施是现代城市生活中不可缺少的内容，它给人们带来方便的同时，又给城市增添美的装饰。

4. 游憩设施小品

游憩设施小品主要结合公共绿地、人行步道、广场等布置，其中，供儿童游戏的器械应布置在儿童游戏场地，还应为成人、老年人设置相应的健身器械。

桌、椅、凳等游憩小品又称室外家具，一般结合儿童、成年或老年人休息活动场地布置，也可布置在林荫步道或人行休息广场内。

5. 工程设施小品

工程设施小品的布置应首先符合工程技术方面的要求。在地形起伏的地区常常需要设置挡墙、护坡、坡道和踏步等工程设施，这些设施如能巧妙地利用和结合地形，并适当加以艺术处理，往往也能给居住区面貌增添特色。

6. 铺地

道路和广场所占的用地在居住区内占有相当的比例，因此它们的铺装材料和铺砌方式将在很大程度上影响居住区的面貌。铺地设计是现代城市环境设计的重要组成部分。铺地的材料、色彩的铺砌方式应根据不同的功能要求与环境的整体艺术效果进行处理。

 讨论与分享

    说一说，你对于居住区在设计中需要注意和参照的信息的认知和想法。

第二节 搭建未来之城居住区

 问题引入

你对于未来之城的居住区的搭建有哪些新颖、创新的想法和设计？

 小组活动

活动主题：

搭建未来之城的居住区。

活动建议：

在开始活动之前，组长做好本节课内容的分工。

对依据设计图纸转化为搭建量进行合适的预估。

设计模块建议：

可以尽量在保证表面形态逼真的情况下将其中的细节也展现清楚，如有必要可以配备文字说明（此文字说明可以作为之后论文整理的依据或内容）。

创作内容：

首先，对于已经设计好的图纸进一步完善。

其次，思考并协商，组内对于将图纸内容转化为实物搭建的方式或者过程达成一致。

再次，对于设计图纸中的各个需要实物搭建的部分，进一步对于实物形状、外观等进行设计和确定。

然后，去材料存放处挑选搭建未来之城的居住区需要的材料，注意勤拿少取，避免材料浪费。

最后，对未来之城的居住区进行合力搭建。

活动成果：

搭建完成的未来之城居住区，将相关的文字说明整理成文字稿件。

活动时长：

建议40～45分钟，如果课上没有完成创作，则需要及时调整设计规划，也可以在课下有精力的情况下对其进行完善。

 讨论与分享

　　你在搭建未来之城的居住区时，有没有参照原型？参照了哪些方面？你是如何进行优化的？

第三节 评估与总结

评估测试题

1.说一说，居住区的组成包含哪些模块？

_____

_____

_____

2.通过对居住区规划的学习，并经历实际的设计过程，请你说一说，自己在将理论知识付诸实践过程中有着怎样的新体验？

_____

_____

_____

3.说一说，你在这章中学习到了哪些知识？

_____

_____

_____

本 章 总 结

本章我们学习了居住区规划的任务与分级、居住区的组成与规划结构，并设计了未来之城的居住区。

以下几个重点，一起来回顾一下吧！

◆ 居住区规划的目的是为居民经济合理地创造一个能够满足日常物质和文化生活需要的舒适、卫生、安全、宁静和优美的环境。

◆ 居住区用地（R）是住宅用地、公建用地、道路用地和公共绿地四项用地的总称。

◆ 居住区的规模包括人口及用地两个方面，一般以人口规模作为主要的标志。

第六章
城市公共空间设计

　　城市公共空间是指那些供居民日常生活和社会生活公共使用的室外空间，如城市中心区、商业区、滨水区、城市绿地等。公共空间具有开放性、可达性、大众性、功能性多种特质，方便人们到达、休憩和日常使用，具有提供活动和感受场所、有机组织城市空间和人的行为、构成城市景观和维护生态环境、交通运输、城市防灾等功能。

第一节 未来之城公共空间设计

 问题引入

　　说一说，城市的哪些空间属于公共空间？在设计公共空间时有哪些方面信息是需要考虑的？

　　对于未来之城的公共空间，你想要怎样设计？

 小组活动

活动主题：

设计未来之城的公共空间。

活动建议：

根据学习的相关专业知识，对未来之城建设的公共空间进行设计，并将其设计在未来之城整体总体布局基础之上，设计并确定未来之城公共空间的设计图。

尽量包含书中涉及的模块。

（建议参照，但不限于此。）

活动内容：

在组长的带领下，组内成员进行合理分工，将未来之城公共空间的设计分为合理的模块，组内成员协作完成城市公共空间的设计并落实在设计图上。

当需要更多相关资料做支撑时，成员可以在课下有精力的情况下查阅相关资料。

活动成果：

设计未来之城的公共空间设计图。

活动时长：

建议 35 ～ 45 分钟。

 讨论与分享

　　在城市公共空间的设计过程中，你有哪些创新性设计？你是如何设计的？

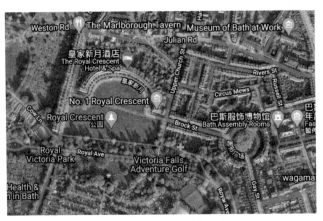

文献链接

一、城市中心

（一）城市中心的类型及构成

城市中心是城市居民社会生活集中的地方。城市居民社会生活具有多方面的需要和多种城市功能，导致产生各种类型和不同规模、等级的城市中心。从功能来分，城市中心有行政、经济、生活及文化中心。按照城市规模分，小城镇一般有一个市中心便能满足各方面的要求；大、中城市除全市中心之外，还有分区中心、居住区中心等。全市中心也可同时有多个不同功能的中心，形成城市中心体系。

图 6-1 英国巴斯城核心部分

注：英国巴斯城核心部分的基本空间设计包括一个圆形广场 (The Circus) 及皇家月弯 (Royal Crescent)。其创造的不仅是简单的几何形体，更反映出环境，并融入周围环境之中，建立独特形式，成为一个特殊的场所。

1. 城市中心类型

根据公共活动的功能和性质，城市有行政管理、经济、商业、文化、娱乐、游览等活动的要求。有的是一个中心兼有多方面的功能，也有的是突出不同功能和性质的中心。

从所服务的地区范围来分，有为全市服务的市中心，有分别为城市各区服务的区中心，有为居住区服务的居住区中心。还有不同层次的中心，设置相应层次的公共服务设施。在一般情况下，城市有几个分区时，可设置市中心和区中心。如市中心在某一区内，则该区可不必设置区中心，上一层次的中心可结合考虑下一层次中心的内容和要求。

2. 城市中心的构成

城市中心应有各类建筑、活动场地、道路、绿地等设施。这些内容可组成一个广场，或组织在一条道路上，也可以在街道、广场上联合布置，形成一片建筑群。大城市的中心构成甚至可以扩展到若干街坊和一系列的街道、广场，形成中心区。

城市中心的建筑群以及由建筑为主体形成的空间环境，不仅要满足市中心活动功能上的要求，还要能满足精神和心理上的需要。因为，城市中心创造了具有强烈城市气氛的活动空间，为市民提供了活跃的社会活动场所。人们可以感受城市的性格和生活气息，以及城市独特的吸引力。同时，城市中心往往也是该城市的标识性地区。

（二）城市中心布局

城市中心的布局包括各级中心的分布、性质、内容、规模、用地组织与布置。各级中心的分布、性质和规模须根据城市总体规划用地布局，考虑城市发展的现状、交通、自然条件以及市民不同层次与使用频率的要求。

1. 满足居民活动不同层次的需要

居民生活对中心有不同要求。从使用频繁程度来分，有每天使用、日常需要内容组成的中心，也有间隔一段时间（如一周、一月左右）需要使用的中心，也有间隔相当长的时间或者偶尔光顾的中心。使用频率反映出人们在时间上、生活上不同层次的需要。

不同级别的中心，其服务范围各不相同。高级的中心，如全市的中心，服务范围最大，内容也较齐全。居住区的中心，内容则较少，服务的面也仅限于居住区本身。

2. 中心位置选择

中心的位置须根据城市总体规划布局，通盘考虑后确定，在具体工作中应注意以下几点：

（1）利用原有基础

旧城都有历史上形成的中心地段，有的是商业、服务业及文化娱乐设施集中的大街；有的是交通集散的枢纽点，如车站、码头。行政中心都在政府办公机构集中的地段形成。原有城市中心地段必须充分利用。例如，北京市新规划的各个区中心也考虑了依托原有的建筑基础，选择了朝阳门外大街、阜成门外、鼓楼、海淀旧区等地点发展。上海市中心区及区中心的发展也是依托原有的商业街和商业区。例如，南京路、淮海路、四川北路、徐家汇、人民广场都是全市和分区的重要中心区。浦东陆家嘴发展成为新的金融中心区，它与浦西的外滩共同构筑了城市中心商务区（CBD）。许多城市也都在原有的中心的基础上扩大。例如，南京的新街口、鼓楼和夫子庙，天津的和平路、劝业场，成都的春熙路，苏州的观前街等，都是在邻近地段扩大城市中心用地。

在扩建、改建城市中，必须调查研究原有各级中心的实际情况、发展条件，同时分析城市发展对城市中心的建设要求，对原有设施应分析情况，合理地组织到规划中来。如果由于城市的发展，认为原有中心的位置不恰当，扩大改建的条件不足，也可以考虑重新选址。

（2）中心位置的选择

各级、各类中心都是为居民服务的，从交通要求考虑，他们的位置应选在被服务的居民能便捷到达的地段。但是，中心的位置往往受自然条件、原有道路等条件的制约，并不一定都处在服务范围的几何中心。由于大城市人口众多，为减少人口过分集中于市中心区，应在各个分区选择合适的地点，增设分区中心。图6-2为北京区中心的分布图。

各级中心必须具备良好的交通条件。市中心和区中心必须有方便的公共客运交通的连接，并靠近城市交通干道。居住区和居住小区的中心同样要选择位置适中，接近交通干道的地段，要考虑居民上、下班时顺路和更多的选择性。

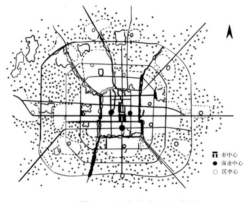

图6-2 北京区中心分布图

3. 适应永续发展的需要

城市各级中心的位置应与城市用地发展相适应，远近结合。市中心的位置既要在近期比较适中，又要在远期趋于合理，在布局上保持一定的灵活性。各级中心各组成部分的修建时间往往有先后，应注意中心在不同时期都能有比较完整的面貌。

4. 考虑城市设计的要求

城市中心地点的选择不仅要分布合理并形成系统，还要根据城市设计原则考虑城市空间景观构成，使城市中心成为城市空间艺术面貌的集中点。

5. 各级中心的交通组织

各级中心既要有良好的交通条件，又要避免交通拥挤，人车相互干扰。为了符合行车安全和交通通畅的要求，必须组织好市中心及区中心的人、车及客运、货运交通。

市中心、区中心要与城市各分区及主要车站、码头等保持便捷的联系。在旧城基础上发展起来的中心，一般建筑较密集，开敞空间有限，人、车密集，而且还有历史上形成的有艺术、文化价值的建筑，能够吸引大量人流。为了解决交通矛盾，在交通组织上应考虑以下几点：

市中心是居民大量集中活动的地方，在这个范围内的交通应以步行为主。为了接纳和疏散大量人流，必须有便捷的公共交通联系。

疏解与中心活动无关的车行交通。如果有大量过境交通通过时，可开辟与市中心主干道相平行的交通性道路，在干道上建造高架路，或在市中心地区外围开辟环形道路，还应控制车辆的通行时间和方向。

中心区四周应布置足够的停车设施。

发展立体交通，建设步行天桥或隧道，以减少人车冲突。

中心区规模相当大时，可划定一定范围作为步行区。

（三）城市中心的空间组织

1. 功能与审美的要求

城市中心空间规划首先应满足各种使用功能的要求，如办事、购物、饮食、住宿、文化娱乐、社交、休息、观光等，必须配置相应的建筑物和足够的场地。

　　城市中心空间的规划不仅要处理好土地使用和交通联系，而且还要考虑公共活动中心空间的尺度、建筑形体和市景，也就是中心建筑空间和城市面貌的塑造应考虑审美要求。

　　在城市中心的空间规划设计中，必须重视整体性和综合性、可接近性和识别性，以及空间连续与变化的效果。现代城市中心往往是一组多种功能的建筑群体，应结合交通和环境进行综合设计（图 6-3）。

　　整体性是把建筑、交通、各类场地以及建筑小品等设计作为一个整体统一考虑。综合性是指不同的功能组合在一个建筑体内，增强服务的效率，也指社会、经济、文化各方面的综合。公共活动中心的空间组织既要使居民能方便地到达和使用，使各组成部分间紧密连接以及具有亲切感，同时，也要有一定的特色和个性，能够反映出地方的风格。

图 6-3　香港沙田区中心鸟瞰

　2. 城市中心建筑空间组织的原则

　　城市中心建筑空间组织的原则之一是运用轴线法则。城市中心建筑空间可以有一条轴线或几条主、次轴线。轴线可以把中心不同的部分联系起来，成为一个整体。轴线也能把城市中的各个中心联系起来，把街道和广场等串联起来。

　　中心建筑空间组织的原则之二是统一考虑建筑室内和室外空间，地面、高架和地下空间，专用和公共空间，车行和人行空间，以及各空间之间的联系，并能起到好的点缀和组景的作用。建筑及绿地艺术照明可美化城市夜景。

　　（四）中心商务区

　　中心商务区（Central Business District）在概念上与商业区有所区别，中心商务区是指城市中商务活动集中的地区。一般在工业与商业经济基础强大，商务和金融活动量大，并且在国际商贸和金融流通中有重要地位的大城市才有以金融、贸易及管理为主的中心商务区。中心商务区是城市经济、金融、商业、文化和娱乐活动的集中地，众多的建筑办公大楼、旅馆、酒楼、文化及娱乐场所都集中于此。它为城市提供了大量的就业岗位和就业场所。

中心商务区一般位于城市在历史上形成的城市中心地段，其经过商业贸易与经济高度发展后才能够形成。例如上海，自鸦片战争后辟为港口商埠，经过一百多年，到20世纪40年代，黄浦江西侧外滩地区才形成上海市的中心商务区。1949年以后，由于上海市对外商贸、金融功能的衰退，其中心商务功能也随之消亡。1988年，国务院决定开放、开发浦东新区，并在陆家嘴发展金融中心，浦西黄浦区再开发，这为振兴上海市经济和重建上海中心商务区起到了重要作用。

（五）商业区与购物广场

1. 商业区的内容、分布及形式

现代城市商业区是各种商业活动集中的地方，以商品零售为主体，并拥有配套的餐饮、旅宿、文化及娱乐服务，也可有金融、贸易及管理行业。商业区内一般有大量商业和服务业的用房，如百货大楼、购物中心、专卖商店、银行、保险公司、证券交易所、商业办公楼、旅馆、酒楼、剧院、歌舞厅等。

商业区的分布与规模取决于居民购物与城市经济活动的需求。人口众多、居住密集的城市，商业区的规模较大。根据商业区服务的人口规模和影响范围，大、中城市可有市级与区级商业区，小城市通常只有市级商业区，在居住区及街坊布置商业网点，其规模不够形成商业区。

商业区一般分布在城市中心和分区中心的地段，靠近城市干道的地方。商业区须有良好的交通连接，使居民可以方便地到达。商业建筑分布形式有两种，一种是沿街发展，另一种是占用整个街坊开发。现代城市商业区的规划设计，多采用两种形式的组合，成街成坊地发展。西方国家的城市一般都有较发达的商业区。例如，美国城市的闹市区，德国城市的商业区。商业区是城市居民和外来人口经济活动、文化娱乐活动及社会生活最频繁、集中的地方，也是最能反映城市活力、城市文化、城市建筑风貌和城市特色的地方，而步行商业街（区）是商业区最典型的形式。

2. 市场

市场是最古老的一种商品交易场所。市场的出现较城市早，市场是由集市贸易发展而形成的。我国及国外的城镇均有各种市场的存在。从市场的性质分析，有交易农副产品、水产品、果品及食品的专业市场，有专门销售家用杂货、小商品、服装、家用电器、建材等各类商品的专业市场，还有综合性的大型市场和专营批发的市场。由于商品零售要考虑方便居民购买和大宗商品交易的需要，城市各类市场已经成为城市商业活动空间不可缺少的部分。现代城市建设和城市规划中安排各类市场用地可以露天设置，或布置在一个大空间的建筑物中，也可以采用露天与室内相结合的布局。

二、城市中心实例（上海）

上海作为有百年历史的商埠城市，市中心历来在黄浦江西岸外滩与南京东路两侧地段。根据上海市经济发展战略及城市总体规划，上海市中心仍旧定位在这个区域，但范围扩大到浦东陆家嘴开发区。中心范围东起浦东陆家嘴，西至人民广场，并以南京东路为市中心发展轴线。陆家嘴与浦西外滩一带集中了大量金融机构、银行、证券交易所、保险公司及商业贸易机构，形成金融商贸区。

南京东路外滩到黄河路全长约 1 900 米，是上海市最主要的商业街，集中了大量百货公司、专卖店、商场、旅馆、餐饮、旅游观光等服务与文化娱乐设施。南京东路已改建为步行街，街道上设置了许多环境设施和绿地，成为一个很有特色、独具魅力的商业街。黄河路南为人民公园和人民广场，广场内有市政府、博物馆、大剧院等重要公共建筑及大面积绿地，是集行政办公、市民休闲、文化娱乐以及节日集会为一体的场所。

图 6-4 上海人民广场

1991 年 4 月，时任上海市市长朱镕基与法国政府公共工程部正式签署会谈纪要，并明确提出"中法两国合作组织陆家嘴金融中心区规划国际设计竞赛"。1992 年 11 月，经挑选的英国罗杰斯、法国贝罗、意大利福克萨斯、日本伊东丰雄、中国上海联合设计小组五家正式提交了有关陆家嘴中心地区（CBD）规划国际咨询设计方案，并进行了国际专家评审会。方案深化之后确定了核心区、高层带、滨江区、步行结构和绿地共四个层面的空间层次。在核心区结合 88 层金茂大厦的选址，设置"三足鼎立"的超高层建筑区，同时结合高层建筑和中心绿地形成中国传统的"阴阳太极"美学概念对比，共筑陆家嘴 CBD 特有的标志性景观。1993 年 8 月，最终批准的陆家嘴中心区占地约有 171 公顷，规划建筑面积约 418 万平方米，平均毛容积率 2.44，在 CBD 内形成五大功能组团（图 6-5）。

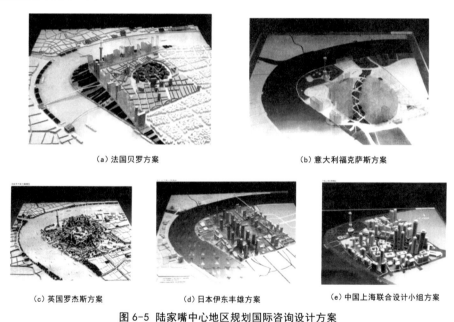

（a）法国贝罗方案　　　　　　　　　　（b）意大利福克萨斯方案

（c）英国罗杰斯方案　　（d）日本伊东丰雄方案　　（e）中国上海联合设计小组方案

图 6-5　陆家嘴中心地区规划国际咨询设计方案

三、城市广场

广场是由于城市功能上的要求而设置的，是供人们活动的空间。城市广场通常是城市居民社会生活的中心，广场上可进行集会、交通集散、居民游览休憩、商业服务及文化宣传等。

（一）不同性质的广场

1. 市民广场

市民广场多设在市中心区，通常它就是市中心广场。在市民广场四周布置市政府及其他行政管理办公建筑，也可布置图书馆、文化宫、博物馆、展览馆等公共建筑。市民广场平时供市民休息、游览，节日举行集会活动。广场应与城市干道有良好的衔接，能容纳疏导车行和步行交通，保障集会时人车集散。广场应考虑各种活动空间，场地划分、通道布置需要与主要建筑物有良好的关系。可以采用轴线手法或者自由空间构图布置建筑。广场应注意朝向，以朝南为最理想。市民广场上还应布置有使用功能和装饰美化作用的环境设施及绿化，以加强广场气氛，丰富广场景观（图6-6）。

图 6-6 天津泰达市民文化广场

2. 建筑广场和纪念性广场

为衬托重要建筑或作为建筑物组成部分布置的广场为建筑广场。如巴黎卢浮宫广场（图6-7），纽约洛克菲勒中心广场（图6-8）。

为纪念有历史意义的事件和人物，如长征中的遵义会址、南京雨花台烈士陵园，可设置纪念性广场。在建筑广场及纪念性广场上可布置雕塑、喷泉、碑记等各种环境设施，要特别重视这类广场的比例尺度、空间构图及观赏视线、视角的要求。

3. 商业广场

城市商店、餐饮、旅馆、市场及文化娱乐设施集中的商业街区常常是人流最集中

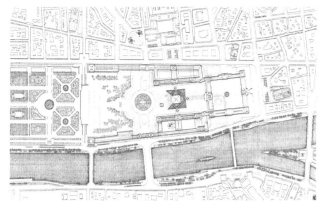

图 6-7 巴黎卢浮宫广场

图 6-8 纽约洛克菲勒中心下沉广场

的地方。为了疏散人流和满足建筑的要求，需要布置商业广场，我国有许多城市有历史上形成的商业广场，如苏州玄妙观前广场，南京的夫子庙，上海城隍庙。国外城市的商业广场已经纳入步行商业街及步行商业区系统，布置商业广场十分普遍。

4. 生活广场

生活广场与居民日常生活关系最为密切，一般设置在居住区、居住小区或街坊内。生活广场面积较小，主要供居民休息、健身锻炼及儿童游戏活动使用。生活广场应布置各种活动设施，并布置较多绿地。

5. 交通广场

交通广场分两类：一类是道路交叉的扩大，疏导多条道路交汇所产生的不同流向的车流和人流交通；另一类是交通集散广场，主要解决人流、车流的交通集散，如影、剧院前的广场，体育场、展览馆前的广场，工矿企业的厂前广场，交通枢纽站站前广场等，均起着交通集散的作用。在这些广场中，有的偏重于解决人流的集散，有的偏重于解决车流、货流的集散，有的对人、车、货流的解决均有要求。交通集散广场车流和人流应很好地组织，以保证广场上的车辆和行人互不干扰，畅通无阻。广场要有足够的行车面积、停车面积和行人活动面积，其大小根据广场上车辆及行人的数量决定。在广场建筑物的附近设置公共交通停车、汽车停车场时，其具体位置应与建筑物出入口协调，以免人、车混杂，或车流交叉过多，使交通阻塞。

交通枢纽站前广场上，当客货运站合设时，交通较为复杂，在这种情况下，主要应解决人流、车流、货流三大流线的相互关系，尽可能减少三者的交叉干扰。一般应为货运设置通向站房的独出入口和连接城市交通干道的单独路线。长途公共汽车站往往与铁路车站的广场相连接。为了合理地组织站前交通，特别要使站房的出入口与城市公共交通车站和停车场等的位置配合好，以便在最少数量的流向交叉条件下，使广场上的步行人流和车流通畅无阻，并注意步行人流线路与车流线路尽量不相交。在可能的条件下，可考虑修建地下人行隧道或高架桥，使旅客能够直接从站房到达公共交通车站的站台或对面的人行道上去。站前广场上的建筑，除车站站房及其他有关交通设施外，还有邮电、旅馆、餐厅、货运等服务设施，可组成富有表现力的城市大门建筑群，丰富城市面貌，给旅客留下深刻的印象。码头前广场的性质与铁路车站广场基本上相同，其布局原则上与铁路车站广场相似。

（二）不同形状的广场

广场因内容要求、客观条件的不同而有不同的规划处理手法。

1. 规则形广场

广场的形状比较严整对称，有比较明显的纵横轴线，广场上的主要建筑物往往布置在主轴线的主要位置上。

（1）方形广场

在广场本身的平面布局上，可根据城市道路的走向、主要建筑物位置和朝向来表现广场的朝向。广场长度比的不同，带给人们的感觉也不同。巴黎旺多姆广场（Place de Vendome）（图 6-9）始建于 17 世纪，平面接近方形（长 141 米，宽 126 米），有一条道路居中穿过，为南北轴线；横越中心点有东西轴线。中心点原有路易十四的骑马铜像，法国大革命期间被拆除后，被拿破仑为自己建造的纪功柱代替，纪功柱高 41 米。广场四周是统一形式的 3 层古典主义建筑，底层为券柱廊，廊后为商店。广场为封闭型，建筑统一、和谐、中心突出。纪功柱成为各条道路的对景。这样的广场要组织好交通，使行人活动避免干扰交通。过去欧洲历史上以教堂为主要建筑的广场，因配合教堂的纵向高耸的体形，多以纵向为轴线。如意大利维基凡诺（Vigevano）城的杜卡广场（Place Ducale）是一个较长的矩形广场（长124米，宽40米）（图6-10），其建于15世纪，是保存比较完整的早期文艺复兴时期广场。广场三面被2层建筑围合，仅一侧有道路通过，封闭感好。建筑的底层为券柱廊，呈长条形，与高塔形成强烈的透视效果。该广场在使用上能满足现在城市生活的要求，具有很大的吸引力。

图6-9 巴黎旺多姆广场平面及鸟瞰图

图6-10 意大利维基凡诺的杜卡广场

（2）梯形广场

梯形由于广场的平面为梯形，因此，有明显的方向，容易突出主题建筑。广场只有一条纵向主轴线时，主要建筑布置在主轴线上，如布置在梯形的短底边上，容易获得主要建筑的宏伟效果；如布置在梯形的长底边上，容易获得主要建筑与人较近的效果。梯形广场还可以利用梯形的透视感，使人在视觉上对梯形广场有矩形的广场感。

罗马的卡皮多广场（Piazza del Campidoglio）（图6-11）是罗马市政广场，建于16～17世纪。广场呈梯形，进深79米，两侧宽分别为60米及40米，西侧主入口有大阶梯由下向上。广场正面布置一排雕像，中心布置骑像。建筑布局在视觉上突

179

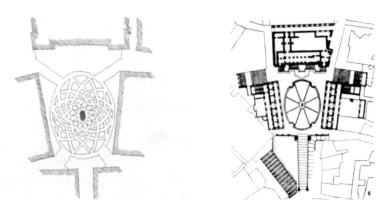

图 6-11 罗马的卡皮多广场

出中心，使建筑物产生向前的动感，表现出巴洛克城市的空间特征。

（3）圆形和椭圆形广场

圆形广场、椭圆形广场和正方形广场、长方形广场有些近似，广场四周的建筑面向广场的立面，往往按圆弧形设计，方能形成圆形或椭圆形的广场空间。图 6-12 是罗马圣彼得教堂前广场。其建于 17 世纪，由一个梯形广场及一个长圆形广场组合构成，是一个有代表性的巴洛克式广场。广场总进深为 327 米，长圆形广场长径与短径分别为 286 米及 214 米。梯形广场进深 113 米，梯形短边与长边分别 113 米及 136 米。长圆形广场中央建有纪功柱，其两侧没有喷泉。圣彼得广场与教堂是一个整体，广场的性质既是一个宗教广场，又是一个建筑广场。

图 6-12 罗马圣彼得教堂前广场

2. 不规则形广场

由于用地条件影响，以及城市在历史上的反战和建筑物的体形要求，会产生不规则形广场。不规则形广场不同于规则形广场，平面形式较自由。如意大利威尼斯的圣马可广场（Plazza San Marco）、佛罗伦萨的西诺里广场（Piazza della Signoria）及锡耶纳的坎波广场（Plazza del Campo）都是很有特色的不规则形广场。

圣马可广场（图6-13）建于14～16世纪，南面迎海，是城市中心广场及城市宗教、行政和商业中心。圣马可广场平面由三个梯形组成，广场中心建筑是圣马可教堂。教堂正面是主广场，主广场为封闭式，长175米，两端宽分别为90米和56米。次广场在教堂南面，面向亚德里亚海，南端的两根纪念柱既限定广场界面，又成为广场的特征之一。教堂北面的小广场是市民游憩、社交聚会的场所。广场的建筑物建于不同的历史年代，虽然建筑风格各异，但能相互协调。建于教堂西南角附近的钟楼高100米，在城市空间构图上起了控制全局的作用，成为城市的标志。

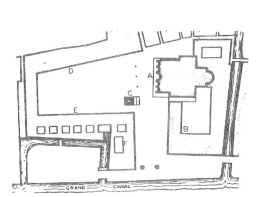

图 6-13 意大利威尼斯的圣马可广场

（三）广场的规划设计

1. 广场的面积与比例尺度

（1）广场的面积

广场面积的大小和形状的确定取决于功能要求、观赏要求及客观条件等方面的因素。

功能要求方面，如交通的广场，取决于交通流量的大小、车流运行规律和交通组织方式等。集会游行广场，取决于集会时需要容纳的人数及游行行列的宽度，它在规定的游行时间内能使参加游行的队伍顺利通行。观赏要求方面，应考虑人们在广场上对广场上的建筑物及纪念性、装饰性建筑物等有良好的视线、视距。在体形高大的建筑物的主要立面方向，宜相应地配置较大的广场。但建筑物的体形与广场间的比例关系，可因不同的要求，用不同的手法来处理。

（2）广场的尺度比例

广场的尺度比例有较多的内容，包括广场的用地形状、各边的长度尺寸之比、广场大小与广场上的建筑物的体量之比、广场上各部分之间相互的比例关系、广场的整个组成内容与周围环境，如地形地势、城市道路以及其他建筑群等的相互的比例关系。广场的比例关系不是固定不变的，例如，天安门广场的宽为 500 米，两侧的建筑如人民大会堂、中国革命历史博物馆的高度均在 30 ～ 40 米之间，其高宽比约为 1:12。这样的比例会使人感到空旷，但由于广场中布置了人民英雄纪念碑，丰富了广场内容，增加了广场层次，一定程度上弱化了空旷感，达到舒适明朗的效果。

（3）广场的界面围合

界面围合是广场空间的重要品质。广场的角部越少开敞，周围建筑物越多，其界面往往越延续，广场围合的感觉就越强。而广场周围建筑屋顶轮廓线的特征、高度的统一性以及空间本身的形状等，也影响着广场的界面围合。巴黎旺道姆广场、罗马波波洛广场等，都是具有良好界面围合的广场实例。

2. 广场的空间组织

广场空间组织主要应满足人们活动的需求及观赏的要求。观赏又有动静之分。人们的视点固定在一处的观赏是静态观赏；人们由这一空间转移到另一空间的观赏，产生了位移景异，便成为动态观赏。在广场的空间组织中，要考虑动态空间的组织要求。

3. 广场上建筑物和设施的布置

建筑物是组成广场的重要要素。广场上除主要建筑外，还应有其他建筑和各种设施。这些建筑和设施应在广场上组成有机的整体，主从分明；要满足各组成部分的功能要求，并合理地解决交通路线、景观视线和分期建设问题。

4. 广场的交通流线组织

有的广场还须考虑广场内的交通流线组织，以及城市交通与广场内各组成部分之间的交通组织，其中以交通集散广场最为复杂。组织交通的目的，主要在于使车流通畅，行人安全，方便管理。广场内行人活动区域，要限制车辆通行。

5. 广场的地面铺装与绿化

广场的地面是根据不同的要求而铺装的，如集会广场需有足够的面积容纳参加集会的人数，游行广场要考虑游行行列的宽度及重型车辆通过的要求。其他广场亦须考虑人行、车行的不同要求。广场的地面铺装要有适宜的排水坡度，能顺利地解决广场的排水问题。有时因铺装材料、施工技术和艺术处理等的要求，广场地面上须划分网格或各式图案，增强广场的尺度感。铺装材料的色彩、网格图案应与广场上的建筑，特别是主要建筑和纪念性建筑密切结合，以起到引导、衬托的作用。

 讨 论 与 分 享

　　城市公共空间包含哪几部分内容？各部分内容有怎样的规划及设计特点？

第二节 搭建未来之城的公共空间

问题引入

你设计的未来之城的公共空间包含哪些方面？你给予这些公共空间怎样的设计理念？将其转化成模型，你认为可以实现期望值的百分之多少？

小组活动

活动主题：

搭建未来之城的公共空间。

活动建议：

在开始活动之前，组长做好本节课内容的分工。

对依据设计图纸转化为搭建量进行合适的预估。

设计模块建议：

可以尽量在保证表面形态逼真的情况下将其中的细节也展现清楚，如有必要可以配备文字说明（此文字说明可以作为之后论文整理的依据或内容）。

活动内容：

首先，对于已经设计好的图纸进一步完善。

其次，思考并协商，组内对于将图纸内容转化为实物搭建的方式或者过程达成一致。

再次，对于设计图纸中的各个需要实物搭建的部分，进一步对于实物形状、外观等进行设计和确定。

然后，去材料存放处挑选搭建未来之城的公共空间需要的材料，注意勤拿少取，避免材料浪费。

最后，对未来之城的公共空间进行合力搭建。

活动成果：

完成未来之城的公共空间搭建，将相关的文字说明整理成文字稿件。

活动时长：

建议 40 ～ 45 分钟，如果课上没有完成创作，则需要及时调整设计规划，也可以在课下有精力的情况下对其进行完善。

 讨论与分享

　　在公共空间的搭建过程中，你有没有对于公共空间设计的突发灵感？你有没有及时做出调整？最终的结果你是否满意？

第三节 评估与总结

⚙ 评估测试题

1. 城市中的广场包含哪些类型？不同类型的广场各自有着怎样的功能和特点？

_____

_____

_____

2. 将你设计出的公共空间种类、类型进行简单表述总结。

_____

_____

_____

3. 说一说，你在这章中学习到了哪些知识？

_____

_____

_____

本章总结

本章我们学习了城市公共空间与案例分析，并设计了未来之城的公共空间。

以下几个重点，一起来回顾一下吧!

◆ 城市中心是城市居民社会生活集中的地方。城市居民社会生活具有多方面的需要和多种城市功能，导致产生各种类型和不同规模、等级的城市中心。

◆ 从功能来分，城市中心有行政、经济、生活及文化中心。按照城市规模分，小城镇一般有一个市中心便能满足各方面的要求；大、中城市除全市中心之外，还有分区中心、居住区中心等。全市中心也可同时有多个不同功能的中心，形成城市中心体系。

第七章
城市建设用地（WMG）

城市建设用地规划共分为八大类：居住用地（R）、公共管理与公共服务用地（A）、商业服务业设施用地（B）、工业用地（M）、物流仓储用地（W）、交通设施用地（S）、公用设施用地（U）、绿地（G）。为了保证未来之城建设的完整度，本章我们就对物流仓储用地、工业用地、绿地这三个方面做相对简化的设计。

第一节 未来之城城市建设用地（WMG）设计

 问题引入

　　对于城市用地的物流仓储用地、工业用地、绿地设计（WMG）有哪些优秀的及创新性的想法？

　　想一想，物流仓储用地一般会设计在城市的哪个方位什么地方？

　　说一说，在你的生活中在哪些地方能看到已经在正常生长的绿地？你认为我们常见的绿地是有规划的吗？为什么？

 小组活动

活动主题：

设计城市建设用地（WMG）。

活动建议：

根据学习的相关专业知识，对未来之城建设用地（WMG）进行设计，并将其设计在未来之城整体总体布局基础之上，设计并确定未来之城建设用地（WMG）的设计图。

尽量包含书中涉及的模块。

（建议参照，但不限于此。）

活动内容：

在组长的带领下，组内成员进行合理分工，将未来之城建设用地（WMG）的设计分为合理的模块，组内成员协作完成建设用地（WMG）的设计并落实在设计图上。

当需要更多相关资料做支撑时，成员可以课下有精力的情况下查阅相关资料。

活动成果：

设计未来之城的建设用地（WMG）设计图。

活动时长：

建议 35 ～ 45 分钟。

(○) 讨论与分享

　　在设计未来之城建设用地（WMG）时，你遇到哪些问题？组内是否出现分歧？最终是如何解决的？

191

文献链接

一、工业用地

工业是近现代城市产生与发展的根本原因。对于正处在工业化时期的我国大部分城市而言，工业不仅是城市经济发展的支柱与动力，同时也是提供大量就业岗位、接纳劳动力的主体。工业生产活动通常占用城市中大面积的土地，伴随包括原材料与产品运输在内的货运交通以及以职工通勤为主的人流交通，同时还在不同程度上产生影响城市环境的废气、废水、废物和噪声。因此，工业用地布局既要能满足工业发展的要求，又要有利于城市本身健康地发展。

（一）工业用地的特点

根据工业生产自身的特点，通常工业生产的用地必须具备以下几个条件：

1. 地形地貌、工程、水文地质、形状与规模方面的条件

工业用地通常需要较为平坦的用地(坡度 =0.5%～2%)，具有一定的承载力(1.5 千克／平方厘米)，并且没有被洪水淹没的危险，地块的形状与尺寸也应满足生产工艺流程的要求。

2. 水源及能源供应条件

工业生产用地可获得足够的符合工业生产需要的水源及能源供应，这对于需要消耗大量水或电力、热力等能源的工业门类尤为重要。

3. 交通运输条件

靠近公路、铁路、航运码头甚至是机场，便于大宗货物的廉价运输。当货物运输量达到一定程度时（运输量≥ 10 万吨／年或单件在 5 吨以上），可考虑铺设铁路专用线。

4. 其他条件

与城市居住区之间应有通畅的道路以及便捷的公共交通手段，此外，工业用地还应避开生态敏感地区以及各种战略性设施。

（二）工业用地的类型与规模

工业用地的规模通常被认为是在工业区就业人口的函数，或者是工业产值的函数。但是不同种类的工业，其人均用地规模以及单位产值的用地规模是不同的，

有时甚至相差很大。例如，电子、服装等劳动密集型的工业不但人均所需厂房面积较小，而且厂房本身也可以是多层的；而在冶金、化工等重工业中，人均占地面积就要大得多（表7-1）。同时随着工业自动化程度的不断提高，劳动者人均用地规模呈不断增长的趋势。因此，在考虑工业用地规模时，通常按照工业性质进行分类，例如，冶金、电力、燃料、机械、化工、建材、电子、纺织等；而在考虑工业用地布局时则更倾向于按照工业污染程度进行分类，例如，一般工业、有一定干扰和污染的工业、有严重干扰和污染的工业以及隔离工业等。事实上，这两种分类之间存在一定的关联。在我国现行用地分类标准中，工业用地按照其产生污染和干扰的程度，被分为由轻至重的一、二、三类。同时，工业用地在城市建设用地中的比例相应地为15%～30%。

表7-1 北美地区工业工地的规划标准

规模	标准
幅度	100～500英亩（40～200公顷）
平均	300英亩（120公顷）
最小规模	35英亩（14公顷）
街区规模	(400～1 000)英尺×(1000～20 000)英尺=[(120～300)米]×(300～600)米]
容积率（FAR）	0.1～0.3
停车位	0.8～1.0/工人
工人密度（总）	10～30人/净英亩(25～75人/公顷)
密集型工业	30人/净英亩(75人/公顷)
半密集型工业	14人/净英亩(35人/公顷)
发散型工业	8人/净英亩(20人/公顷)

（三）工业用地对城市环境的影响

工业生产过程中产生的污染物会对周围其他用地，尤其是居住用地造成不同程度的影响。因此，对于工业用地的布局应尽量减少对其他种类用地的影响。通常采用的措施有以下几种：

将易造成大气污染的工业用地布置在城市下风向。根据城市主导风向并在考虑风速、季节、地形、局部环流等因素的基础上，尽可能将大量排出废气的工业用地安排在城市下风向且大气流动通畅的地带，排放大量废气的工业不宜集中布置，以利于废气的扩散，避免有害气体的相互作用。

将易造成水体污染的工业用地布置在城市下游。为便于工业污水的集中处理，规划中可将大量排放污水的企业相对集中布置，便于联合无害化处理和回收利用。

处理后的污水也应通过城市排水系统统一排放至城市下游。

在工业用地周围设置绿化隔离带。事实证明，达到一定宽度的绿化隔离带不但可以降低工业废气对周围的影响，也可以达到阻隔噪音的作用。易燃、易爆工业周围的绿化隔离带还是保障安全的必要措施。

居住用地对工业污染的敏感程度最高，所以从避免污染和干扰的角度看，居住用地应远离工业用地。但另一方面二者因职工通勤又需要相对接近。因此，就近通勤与减缓污染成为居住用地与工业用地布局中的一对矛盾。

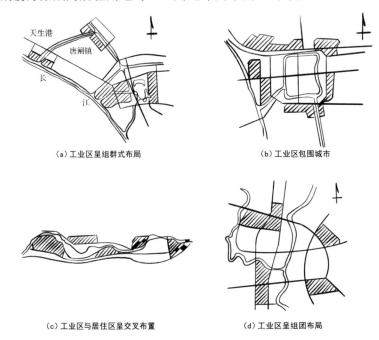

（a）工业区呈组群式布局　　　　　　　　（b）工业区包围城市

（c）工业区与居住区呈交叉布置　　　　　　（d）工业区呈组团布局

图 7-1　工业用地在城市中的布局

城市中的工业用地：通常无污染、运量小、劳动力密集、附加值高的工业趋于以较为分散的形式分布于城市之中，与其他种类用地相间，形成混合用途的地区。

位于城市边缘的工业用地：占地与运输量较大、对城市有一定污染和干扰的工业更多选择在城市边缘地区形成相对集中的工业区。这样一方面可以获得廉价的土地和扩展的可能，另一方面可以避免与其他种类的用地之间产生矛盾。这样的工业区在城市中可能有数个。

独立存在的工业用地：因资源分布、土地利用的制约甚至是政策因素，一部分工业用地选择与城市有一定距离的地段，形成独立的工业用地、工业组团或工业区。例如矿业城市中的各采矿组团、作为开发区的工业园区等。当独立存在的工业用地形成一定规模时，就需安排配套生活用地以及通往主城区的交通干线。

（四）工业用地在城市中的布局

根据利于生产、方便生活且为将来发展留有余地、为城市发展减少障碍的原则，城市土地利用规划应从各个城市的实际出发，选择适宜的形式安排土地利用布局。除与其他种类用地交错布局形成混合用途中的工业用地外，常见的相对集中的工业用地布局形式有以下几种：

1. 工业用地位于城市特定地区

工业用地相对集中地位于城市某方位上，形成工业区，或者分布于城市周边。通常中小城市中的工业用地多呈此种形态布局，特点是总体规模较小，与生活居住用地之间具有较密切的联系，但容易造成污染，且当城市进一步发展时，有可能形成工业用地与生活居住用地相间的情况。

2. 工业用地与其他用地形成组团

由于地形条件原因或者城市发展时间的积累，工业用地与生活居住用地共同形成了相对明确的功能组团。这种情况常见于大城市或山地丘陵城市，其优点是一定程度上平衡了组团内的就业与居住，但同时工业用地与居住用地之间又存在交叉布局的情况，不利于局部污染的防范。城市整体的污染防范可以通过调整各组团中的工业门类来实现。

3. 工业园或独立的工业卫星城

工业园或独立的工业卫星城，通常有相对较为完备的配套生活居住用地，基本上可以做到不依赖主城区，但与主城区有快速便捷的交通联系。如北京的亦庄经济技术开发区，上海的宝山、金山、松江等卫星城镇。

4. 工业地带

当某一区域内的工业城市数量、密度与规模发展到一定程度时，就形成了工业地带。这些工业城市之间分工合作，联系密切，但各自独立并相对对等。德国著名的鲁尔地区在20世纪80年代就是一种典型的工业地带。事实上，对工业地带中工业及相关用地规划布局已不属于城市规划的范畴，而更倾向于区域规划所应解决的问题。

讨论与分享

工业用地选址有几种类型？这几种类型分别具有怎样的特点和优势？

二、物流仓储用地设计

随着经济全球化和现代高新技术的迅猛发展，现代物流在世界范围内获得迅速发展，成为极具增长前景的新兴产业。由于物流、仓储与货运存在关联性与兼容性，国标《城市用地分类与规划建设用地标准》（GB 50137-2011）设立物流仓储用地，并按其对居住和公共环境的影响的干扰污染程度分为三类。

（一）物流仓储用地的分类

这里所指的物流仓储用地包括物资储备、中转、配送、批发、交易等用地，包括大型批发市场以及货运公司车队的站场（不包括加工）等用地。按照我国现行的城市用地标准，物流仓储用地被分为：一类物流仓储用地、二类物流仓储用地、三类物流仓储用地，见表 7-2。

表 7-2 物流仓储用地分类

类别名称	范围
一类物流仓储用地	对居住和公共环境基本无干扰、污染和安全隐患的物流仓储用地
二类物流仓储用地	对居住和公共环境基本有一定干扰、污染和安全隐患的物流仓储用地
三类物流仓储用地	存放易燃、易爆和剧毒等危险品的专用仓库用地

（二）物流仓储用地在城市中的布局

物流仓储用地的布局通常从物流仓储功能对用地条件的要求以及与城市活动的关系这两个方面来考虑。首先，用作物流仓储的用地必须满足一定的条件，例如，地势较高且平坦，有利于排水的坡度、地下水位低、地基承载力强、具有便利的交通运输条件等。其次，不同类型的物流仓储用地应安排在不同的区位中。其原则是与城市关系密切，为本市服务的物流仓储设施，例如综合性物流中心、专业性物流中心等应布置在靠近服务对象、与市内交通系统联系紧密的地段；对于与本市经常性生产生活活动关系不大的物流仓储设施，例如战略性储备仓库、中转仓库等，可结合对外交通设施，布置在城市郊区。因仓库用地对周围环境有一定的影响，规划中应使其与居住用地之间保持一定的卫生防护距离（表 7-3）。此外，危险品仓库应单独设置，并与城市其他用地之间保持足够的安全防护距离。

表7-3　仓储用地与居住用地之间的卫生防护距离

仓库种类	宽度（米）
全市性水泥供应仓库、可用废品仓库	300
非金属建筑材料供应仓库、煤炭仓库、未加工的二级原料临时储藏仓库、500平方米以上的藏冰库	100
蔬菜、水果储藏库、600吨以上的批发冷藏库，建筑与设备供应仓库（无起灰料的），木材贸易和箱桶装仓库	50

讨论与分享

　　城市正常运转中离不开哪些必要的物资？这些物资按其对居住和公共环境的影响的干扰污染程度分为三类，根据规定，这三类仓储用地选址及设计有怎样的不同？

三、城市绿地设计

（一）城市绿地系统的组织

城市绿地指以自然植被和人工植被为主要存在形态的城市用地。它是城市用地的组成部分，也是城市自然环境的构成要素。城市绿地系统要结合用地自然条件分析，有机组织，一般遵循以下原则：

1. 内外结合，形成系统

以自然的河流、山脉、带状绿地为纽带，对内联系各类城市绿化用地，对外与大面积森林、农田以及生态保护区密切结合，形成内外结合、相互分工的绿色有机整体。

2. 均衡分布，有机构成城市绿地系统

绿地要适应不同人群的需要，分布要兼顾共享、均衡和就近分布等原则。居民的休息与游乐场所，包括各种公共绿地、文化娱乐设施和体育设施等，应合理地分散组织在城市中，最大程度方便居民使用，如图7-2。

3. 远景目标与近期建设相结合

城市绿地系统规划必须先于城市发展或至少与城市发展同步进行。规划要从全局利益及长远观点出发，按照"先绿后好"的原则，提高规划目标，同时做到按照规划，分期、分批、有步骤、按计划实施。

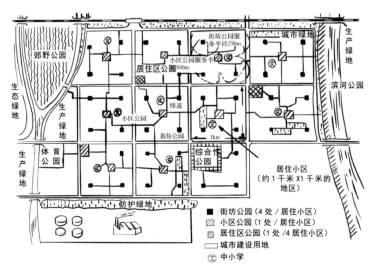

图 7-2 城市公园绿地布局示意图

四、城市开放空间体系的布局

城市的绿地、公园、道路广场以及周边的自然空间共同组成了城市的开敞空间系统。开敞空间不仅是城市空间的组成部分，也要从生态、舒适度、教育以及文化等多方面加以评价。20 世纪 90 年代，伦敦提出将建立开敞空间系统作为一个绿色战略（Green Strategy），而不仅仅是一个公园体系。

城市开敞空间体系的具体布局方式有多种形式，如绿心、走廊、网状、楔形、环状等（图 7-3）。如德国科隆的环状加放射状结合的开敞空间系统、大伦敦绿环内的开敞空间系统。印度昌迪加尔城的规划方案中，通过方格网和宽窄变化的公园网络组成相互叠合的网络结构。

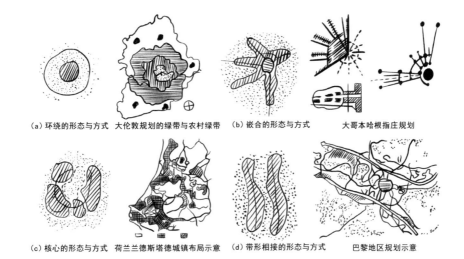

(a) 环绕的形态与方式　大伦敦规划的绿带与农村绿带　(b) 嵌合的形态与方式　大哥本哈根指庄规划

(c) 核心的形态与方式　荷兰兰德斯塔德城镇布局示意　(d) 带形相接的形态与方式　巴黎地区规划示意

图 7-3　区域开敞空间体系的空间布局方式

讨论与分享

说一说，对于城市绿地设计你有怎样新的认识？

在未来之城的设计中，对于城市绿地你将如何设计？

第二节 搭建城市建设用地（WMG）

问题引入

　　对于保证未来城市的完整度的相关模块的设计和搭建，你有哪些想法？

小组活动

活动主题：

搭建城市建设用地（WMG）。

活动建议：

在开始活动之前，组长做好本节课内容的分工。

对依据设计图纸转化为搭建量进行合适的预估。

设计模块建议：

可以尽量在保证表面形态逼真的情况下将其中的细节展现清楚（此部分搭建可以表达出主题内容即可），如有必要可以配备文字说明（此文字说明可以作为之后论文整理的依据或内容）。

活动内容：

首先，对于已经设计好的图纸进一步完善。

其次，思考并协商，组内对于将图纸内容转化为实物搭建的方式或者过程达成一致。

再次，对于设计图纸中的各个需要实物搭建的部分，进一步对于实物形状、外观等进行设计和确定。

然后，去材料存放处挑选搭建城市建设用地（WMG）需要的材料，注意勤拿少取避免材料浪费。

最后，将城市建设用地（WMG）进行合力搭建。

创作成果：

完成城市建设用地（WMG）搭建，将相关的文字说明整理成文字稿件。

创作时长：

建议 40 ～ 45 分钟，如果课上没有完成创作，则需要及时调整设计规划，也可以在课下有精力的情况下对其进行完善。

 讨论与分享

　　说出你在搭建的过程总最想分享的设计点或者搭建部分，并说出为什么这些点能够吸引你的注意力。

第三节 评估与总结

评估测试题

1. 工业用地可以分为几种类型？分别有怎样的特点？

_____

_____

_____

2. 仓储物流用地的选取会对城市的发展带来哪些影响？

_____

_____

_____

3. 将你设计的城市建设用地（WMG）的想法及形态进行简单表述。

_____

_____

_____

4. 说一说，你在这章中学习到了哪些知识？

_____

_____

_____

本 章 总 结

本章我们学习了工业用地设计、物流仓储用地设计、城市绿地设计，并设计了城市建设用地（WMG）。

以下几个重点，一起来回顾一下吧！

城市建设用地规划共分为八大类：居住用地（R）、公共管理与公共服务用地（A）、商业服务业设施用地（B）、工业用地（M）、物流仓储用地（W）、交通设施用地（S）、公用设施用地（U）、绿地（G）。

第八章
答辩展示

第一节 形成展示内容

问题引入

你们知道我们在答辩过程中需要展示最终成果的表现形式有哪些吗？

小组活动

活动主题：

形成展示内容。

活动建议：

在开始活动之前，组长做好本节课内容的分工。

活动内容：

将整个课题整理成五部分内容：城市描述论文、项目计划书、城市物理模型、展示演讲、虚拟未来之城设计（选做，可用 3D 软件将未来之城模型设计出来，进而展示更多设计细节。）。

活动成果：

城市描述论文、项目计划书、城市物理模型、展示演讲、虚拟未来之城设计（选做）。

活动时长：

建议 40 ～ 45 分钟，如果课上没有完成创作，需要在课下有精力的情况下完成。

讨论与分享

在整理课题内容时，你遇到了哪些困难？你是如何克服的？

第二节 答辩展示

一、开场

教师做开场讲话。

例如：本门课以项目式课程学习过程为主，培养学生工程思维、设计思维、自主解决问题的能力及有逻辑、有思维能动性地将自己的想法落实并具体实施的实用性能力。同学们在未来之城的设计和搭建上都完成得很好，有自己的想法和对于未来之城设计的理念坚持。本节课我们就一起来展示我们一学期的学习成果。

二、学生答辩并展示论文及模型

三、指导教师提问环节

例如：你们的工作和人员是怎样分配的？在设计和搭建中你们有没有遇到困难？你们是如何克服的？

四、指导教师总结环节

例如：你们设计的未来之城，环保的理念选择得很好，现在资源浪费、环境污染的情况还是很严重的。如果未来在技术允许的情况下，可以将你设计的未来之城建设起来，老师相信，这不仅仅对于我们国家，对于地球都是有着重要的意义的。